DeepSeek
千行百业AI实战指南

雷波◎著

化学工业出版社

·北京·

内 容 简 介

本书深入剖析了DeepSeek在各行业的广泛应用与深远影响。全书共11章，讲解了DeepSeek的基础、高阶技巧及通用技巧，聚焦自媒体、教育、法律、医疗、政务、生活、自动工作智能体及更多领域的实战应用，展示其带来的效率提升与模式创新。

本书既可作为各行业从业者提升工作效率、创新工作模式的参考手册，也可为关注AI发展趋势的读者提供行业变革的全景视角，帮助其把握技术带来的机遇与挑战，共同探索智能高效的未来发展方向。本书还可作为各大中专院校开设人工智能相关课程的教材使用。

图书在版编目（CIP）数据

DeepSeek ：千行百业AI实战指南 / 雷波著.

北京 ： 化学工业出版社，2025. 4 (2025. 5重印). -- ISBN 978-7-122
-47767-5

Ⅰ. TP18

中国国家版本馆CIP数据核字第2025TU0616号

责任编辑：张素芳　李　辰　　　　　　　封面设计：王晓宇
责任校对：田睿涵　　　　　　　　　　　装帧设计：盟诺文化

出版发行：化学工业出版社（北京市东城区青年湖南街13号　邮政编码100011）
印　　装：大厂回族自治县聚鑫印刷有限责任公司
710mm×1000mm　1/16　印张15¼　字数335千字　2025年5月北京第1版第2次印刷

购书咨询：010-64518888　　　　　　　　售后服务：010-64518899
网　　址：http://www.cip.com.cn
凡购买本书，如有缺损质量问题，本社销售中心负责调换。

定　　价：69.80元
版权所有　违者必究

前　言

2025 年春节，一部国产动画电影《哪吒之魔童闹海》以席卷之势刷新了票房纪录，而与此同时，一款名为 DeepSeek 的人工智能工具也以 7 天用户破亿的成绩，成为这个春节最闪亮的明星。随着《哪吒之魔童闹海》票房的飙升，DeepSeek 迅速从国内走向全球，成为 AI 行业颠覆者与破局者的代名词。它不仅重新定义了技术创新的边界，也为各行各业带来了前所未有的机遇。

面对迅速在各行各业落地的 DeepSeek，现在的问题已经不是学不学，而是怎样学、要花多少时间和精力学的问题，因为 DeepSeek 正以肉眼可见的速度重塑着千行百业。无论是企业管理者、技术从业者，还是普通员工，掌握 DeepSeek 的使用技巧都已成为一项必备技能。它不仅能够提升工作效率，还能为个人职业发展打开新的可能性。本书将带领读者深入探索 DeepSeek 的使用方法、高阶使用技巧，以及它在各个领域的颠覆性应用，揭示其为千行百业带来的冲击、机遇与挑战。

本书以 DeepSeek 在各行业的应用与影响为核心，系统梳理了其技术优势及实战技巧，既为各行业从业者提供应用指南，也为关注 AI 发展趋势的读者呈现行业变革全景。全书共 11 章，覆盖 DeepSeek 的基本及高阶使用方法，以及其在自媒体、教育、法律、医疗、政务、高效生活、编程等领域的应用，并深入探讨了如何利用 DeepSeek 和扣子、飞书等平台搭建自动化工作流程，实现智能化办公的丰富内容。

本书第 1 章系统介绍了 DeepSeek 的使用方法、技术优势及应用领域。通过讲解核心概念、阐述成功的原因、剖析创新成果，以及介绍多领域的实际应用，帮助读者全面了解 DeepSeek，为深入学习和应用奠定坚实的基础。

本书第 2 章深入探索了 DeepSeek 的高阶使用技巧，深度解析了提示词优化、参数调整、避免幻觉的方法，以及本地化部署的必要性和具体方法，帮助读者进一步提升 DeepSeek 的使用效果，充分发挥其潜力。

本书第 3 章聚焦 DeepSeek 的通用技巧及其在日常生活中的应用，讲解了如何利用 DeepSeek 进行文档速读总结、网页内容总结与思维导图生成、视频纪要生成、数据分析报告生成、专业流程图生成，以及产品说明翻译等任务。书中不仅提供了具体的指令模板，还通过多场景的应用案例展示了这些技巧的实际效果，以帮助各位读者提升生活和工作中的效率，优化决策过程，更好地应对各种信息处理需求。

本书第 4 章到第 8 章聚焦 DeepSeek 在多个特定领域的应用，详细介绍了如何在自媒体行业、教育行业、法律医疗领域、政务领域，以及高效生活方面运用 DeepSeek。从高效挖掘选题、撰写风格化文章，到辅助教学、提升学习效率，再到为法律和医学人员提供专业支持、提升政务效能，各章通过具体的操作方法、实战技巧和成功案例，帮助读者深入理解和掌握 DeepSeek 在这些领域的实际应用，从而提升工作效率、创新工作模式。

本书第 9 章和第 10 章详细介绍了利用 DeepSeek 搭建自动工作智能体和构建批量处理工作流的方法，提供从基础概念到实战应用的全面指导。针对不同工作场景的需求，帮助读者掌握使用 DeepSeek 构建智能体和工作流的技巧，从而实现自动化办公，提升工作效率。

本书第 11 章讲解了 DeepSeek 在编程、硬件设计、建筑设计、三维艺术品造型设计和平面视觉等其他领域的应用，帮助读者了解其在多领域的通用性和创新潜力，激发跨行业应用的灵感。

DeepSeek 还在以很快的速度迭代更新中，这也正是大家常说的"AI 一天，人间一年"。也许当大家正在翻阅本书时，DeepSeek 就已经发布了新的版本，并且能够完成更多以前无法完成的工作，这是一定会出现的场景，只是时间早晚而已。因此，每一个学习者都应该保持持续学习的心态，紧跟技术发展的步伐，及时掌握新功能和新应用。同时，也要注重培养灵活运用技术的能力，将 DeepSeek 的强大功能与自身行业需求相结合，在实践中不断探索和创新。只有这样，才能在技术快速变革的时代中立于不败之地，真正驾驭 AI 技术带来的机遇与挑战。

我们很幸运，能够见证人类社会走入智能时代，也正因如此，我们才更应该以开放的心态拥抱变化，积极学习并应用这些前沿技术，为个人、行业乃至整个社会创造更大的价值。

编　者
2025 年 4 月

目　录
CONTENTS

第7章 DeepSeek在政务领域的应用实战

第8章 DeepSeek在高效生活方面的应用实战

第10章 利用 DeepSeek + 飞书搭建批量处理工作流

第9章 利用 DeepSeek+ 扣子快速搭建自动工作智能体

第11章 DeepSeek 在其他领域的应用

第1章

认识并掌握 DeepSeek 的
使用方法与途径

认识 DeepSeek

如果问 2025 年有哪些现象级的产品，那么除了电影《哪吒之魔童闹海》就是 DeepSeek 了。不仅国家领导人在开会时点名提及，而且国内的众多重量级企业和机构也一致认可其价值。

简单来说，DeepSeek 是由杭州深度求索人工智能基础技术研究有限公司开发的智能平台，具备强大的自然语言理解和生成能力，能够帮助使用者快速准确地获取信息、解答疑问，还能进行高效的文本创作，比如撰写文章、生成故事等，同时它在多语言支持和知识更新等方面也表现出色，能为用户在各种语言环境下的知识探索和内容创作提供有力支持，如下图所示为其官网页面。

虽然 DeepSeek 发布的时间并不长，但 DeepSeek 已经成为中国 AI 领域的标杆，其影响力从技术圈蔓延至大众领域，成为全民谈资。这一现象的背后，是多重技术突破、战略布局与社会效应的叠加。

目前，DeepSeek 在国内的发展呈现为百花齐放的局面。

在国家层面，DeepSeek 得到了政策的大力支持，被视为中国 AI 技术自主创新的重要力量。政府将其纳入"AI+"专项行动，推动其在各行各业的应用。例如，国务院国有资产监督管理委员会召开中央企业"AI+"专项行动深化部署会，强调国资央企要抓住人工智能产业发展的战略窗口期，强化科技创新。

在企业层面，DeepSeek 的应用场景更广泛，涵盖能源、电信、金融、政务等多个领域。不仅众多国企、央企已完成 DeepSeek 系列模型的部署应用，中国移动、中国联通、中国电信三大通信运营商也已全面接入 DeepSeek 大模型。

即便是形成竞争关系的其他 AI 技术平台，如腾讯、百度等也纷纷接入 DeepSeek 的技术，将其应用于各自的业务场景中。例如，腾讯在社交和游戏领域利用 DeepSeek 的 AI 能力优化用户体验，而百度则将其整合到搜索引擎和智能驾驶系统中，进一步提升了服务的智能化水平。

此外，众多硬件厂商也基于 DeepSeek 的技术推出了一体机设备，这些设备在医疗、金融、教育等领域得到了广泛应用，进一步推动了 AI 技术的普及。

在个人用户层面，DeepSeek 的易用性和高效性使其成为个人用户的得力助手。无论是内容创作、数据分析，还是智能对话，DeepSeek 都能提供强大的支持。例如，网文作者利用其生成大纲与片段提升创作效率，产品经理借助 AI 撰写 PRD 文档、竞品分析，实现工作效率的跃升。

可以说，如果 2025 年有一项一定要学习与掌握的技术，那么非 DeepSeek 莫属。

为什么 DeepSeek 如此成功

DeepSeek 的成功，离不开其颠覆式的创新。

首先，DeepSeek 具有非常硬核的技术创新点。通过自主研发的先进架构和算法，DeepSeek 实现了过去人们难以想象的技术突破。例如将大模型的训练成本大幅降低，同时提升模型的性能和效率。这种技术创新不仅让 AI 技术更加普及，也为行业带来了新的可能性。

其次，DeepSeek 的产品简单易用。无论是企业用户还是个人用户，都能快速上手并感受到 AI 带来的便利。这种用户体验的提升，极大地降低了 AI 技术的使用门槛，使其能够被更多的人接受和应用。

第三，与其他 AI 技术提供商不同，DeepSeek 采用了完全开源的策略，让更多开发者和企业能够以低成本获取先进的技术资源，从而迅速成为众多 AI 平台的基座。

最后，DeepSeek 采用了灵活的商业模式。例如，虽然 DeepSeek 完全开源，但如果要调用其 API，仍然需要一定的费用。不过成本较低，即便 DeepSeek 的 API 调用费用极低，仍然能够确保 DeepSeek 具有超高商业利润。此外，DeepSeek 还与众多公司合作开发专用模式，这些商业合作也确保了其商业模式的可行性及延续性。

正是这 4 种创新模式的完美结合，使得 DeepSeek 在短时间内迅速走红，成为 AI 领域的现象级产品。

DeepSeek 在技术层面有哪些颠覆式创新

DeepSeek 的优秀性能并非架构于传统的技术，而是通过以下各项创新使其成为全球 AI 领域的破局者，下图展示了 DeepSeek 的 V3 模型在众多测试项中的优秀成绩。

DeepSeek-V3 的综合能力

DeepSeek-V3 在推理速度上相较历史模型有了大幅提升。
在目前大模型主流榜单中，DeepSeek-V3 在开源模型中位列榜首，与世界上最先进的闭源模型不分伯仲。

Benchmark (Metric)	DeepSeek V3	DeepSeek V2.5 0905	Qwen2.5 72B-Inst	Llama3.1 405B-Inst	Claude-3.5 Sonnet-1022	GPT-4o 0513
Architecture	MoE	MoE	Dense	Dense	-	-
# Activated Params	37B	21B	72B	405B	-	-
# Total Params	671B	236B	72B	405B	-	-
MMLU (EM)	88.5	80.6	85.3	88.6	88.3	87.2
MMLU-Redux (EM)	89.1	80.3	85.6	86.2	88.9	88.0
MMLU-Pro (EM)	75.9	66.2	71.6	73.3	78.0	72.6
DROP (3-shot F1)	91.6	87.8	76.7	88.7	88.3	83.7

创新模型架构

DeepSeek-V3 采用动态偏置调整的 MoE 架构，每个 MoE 层配置"1 个共享专家 + 256 个路由专家"，单次推理仅激活 8 个专家，显著提升模型的灵活性和效率。这种设计使模型参数规模达 2360 亿，但激活参数仅 210 亿，降低 75% 的计算资源消耗。

通过低秩压缩技术将键值缓存内存占用降低至传统注意力机制的 5% ~ 13%，在保持性能的同时突破显存瓶颈。该技术使 DeepSeek 在长文本处理场景下的推理速度提升 3 倍。

提高训练效率

DeepSeek 采用 FP8 低精度训练框架，结合软硬件协同设计，实现跨节点通信瓶颈突破，单次训练成本仅 557.6 万美元（约合 4000 万人民币，约为 GPT-4o 的 1/10）。

使用多 Token 预测技术，允许模型同时预测多个连续位置的 Token，相比传统的单 Token 预测模式，训练效率提升 40%。

强化推理能力

DeepSeek-R1 通过强化学习实现推理能力跃升，在 MATH 数学基准测试中以 77.5% 的准确率比肩 GPT-4o。

能效优化与绿色计算

DeepSeek 通过动态功耗管理（根据负载调整 GPU 算力）和稀疏计算技术，实现 62% 的能效优化，能耗降低 25%。这种优化使其可部署于边缘设备（如工业机器人），拓展实时 AI 应用场景。

多模态融合与垂直场景适配

集成自研的视觉感知技术，支持文本、图像与代码的联合推理（如根据设计草图生成配套代码）。在金融领域，其与数据智能操作系统（DiOS）结合，实现毫秒级高频交易决策响应。

DeepSeek 的 5 种使用途径

用户可以通过以下途径来使用 DeepSeek。

官网使用

用户可以直接通过 DeepSeek 的官网 https://chat.DeepSeek.com 进行交互，如下图所示，无须下载任何软件，随时随地通过浏览器访问即可使用。

API 调用

包括 DeepSeek 在内，国内有许多 AI 厂商提供了通过 API 接口调用 DeepSeek 的方式，开发者可以通过获取 API 密钥，将 DeepSeek 的功能集成到自己的应用程序中。目前，国内通过 API 调用 DeepSeek 的平台包括华为云、百度智能云、阿里云百炼、腾讯 ima、火山引擎、国家超算互联网平台、硅基流动等，具体接入方式和功能可参考各平台官方文档。如下左图所示为硅基流动选择 DeepSeek 模型的页面，下右图所示为笔者在本地使用 Chatbox 调用 API 后使用 DeepSeek 的界面。

 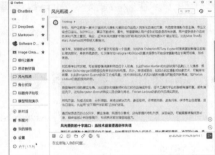

本地化部署

对于有数据隐私和离线使用需求的用户，可以本地化部署 DeepSeek。通过工具如 Ollama，用户可以在本地计算机上运行 DeepSeek 模型，实现数据完全本地处理，避免网络延迟和隐私泄露问题。下图为笔者在下载 DeepSeek 模型后，做本地化部署时的设置页面。

下图为在采用本地化部署的学校内部的软件中使用 DeepSeek 的界面。

第三方平台

除了通过上面的方法使用 DeepSeek，得益于 DeepSeek 的开源策略，现在还有不少接入 DeepSeek 的第三方平台，如下左图所示为腾讯元宝平台，下右图所示为百度搜索平台。

此外，还可以在 WPS 及其他软件中使用，如下图所示。

手机客户端

除了在电脑上运行 DeepSeek，还可以下载 DeepSeek 的 iOS 和 Android 的移动端应用，随时随地在手机或平板上使用 DeepSeek。

选择合适的 DeepSeek 平台

如前所述，DeepSeek 已通过开源，实现了多平台覆盖。然而，不同接入渠道在数据调用范围、推理深度和场景适配性上存在显著差异，这使得平台选择成为影响回复质量的关键因素。

下面笔者分别从基础能力和数据源特征两个方面，分析各平台。

基础能力

此处提到的基础能力，是指各平台在没有联网的情况下，针对同一问题给出的回复质量，由于 DeepSeek 是完整开源的，而各个平台部署的也是完整的 DeepSeek，因此，如果仅使用 DeepSeek 的推理能力，使用哪一个平台均能够获得不错的回复。

数据源特征

造成各个平台回复质量出现差异的是在开启联网搜索功能的情况下，各平台引用的数据源特点。

腾讯元宝是笔者使用最频繁的平台，因此先分析此平台。

腾讯元宝由于隶属于腾讯集团，因此能凭借对微信公众号生态的全面整合，构建起独特的内容护城河。当用户在腾讯元宝平台使用 DeepSeek 时，可以实时检索上亿公众号历史文章，并从中找到符合提问内容的参考文章，进一步在这些文章内容的基础上进行推理，最终给出合适的答复。

更重要的是，公众号每日新增上百万篇推文，因此元宝有源源不断的优质数据源。而这些优质文章是在其他平台无法直接搜索、调用的。因此，如果用户预测提问的问题可能会在公众号找到答复，则应该优先使用腾讯元宝平台。

百度满血版 DeepSeek 则可以通过搜索全网历史文章，以及文库文档形成答复，在学术研究、教育培训等领域展现出了优势。

秘塔 AI 搜索的特点是支持搜索全网、学术、播客等不同类型的数据源，尤其是秘塔 AI 能够直接搜索到高质量的英文论文及期刊。因此，每次在回复用户提问时，均可以在其下方看到有时高达数百项的搜索结果参考列表，如下图所示。

对于希望广泛阅读相关资料的用户，这无疑是一个巨大的宝库，笔者常常会在提取秘塔 AI 回复的精华内容的基础上，再阅读下面列出的一部分参考文档，以对回复进行完善。因此，如果用户提出的问题需要引用大量论文或相关期刊文章，则应该优先使用此平台。

DeepSeek 的官方平台虽然没有披露其搜索的数据来源，但从笔者的使用经验来看，其搜索的范围小于百度，引用的数据源基本上来源于搜狐、网易、知乎、雪球、CSDN 等可能进入 DeepSeek 白名单的高质量网站，因此，与上述各平台相比，搜索范围较小。

除上述各明确部署了 DeepSeek 的平台外，豆包与 Kimi 也具有深度思考能力，下左图为豆包的相关功能选项，下右图为 Kimi 的长思考能力开关。截至 2025 年 3 月 18 日，豆包与 Kimi 使用的仍然是自行研制的推理模型，而非 DeepSeek，在此需要提醒各位读者。

了解 DeepSeek 的能力边界

虽然无论是网络上还是在本书中均对 DeepSeek 的能力赞誉有加，但也必须承认，DeepSeek 仍然有明显的能力边界。

首先，DeepSeek 尚未达到 AGI（通用人工智能）层级，无法实现复杂任务的"一步到位"。用户需要具备问题拆解、信息整合与迭代调优的能力，这样才能引导模型输出更精准的结果。

其次，模型虽具备强大的能力，却"常出错"，预载知识也存在盲区，这就要求使用者保持批判性思维，对输出结果进行验证与修正。

再次，作为语言模型，DeepSeek 无法直接处理图片、视频等多模态数据，需要借助其他工具协同完成任务，这也催生了"智能体"等多工具协作的应用思路。

此外，模型的上下文长度限制决定了用户必须学会拆分任务，提炼核心需求，避免因信息过载导致处理失效。

在掌握 DeepSeek 的"能力"后，只有了解 DeepSeek 的"不能"，才能树立对 AI 技术的正确认知观。在充分利用其能力的基础上，正视其技术局限，通过提升自身能力（如问题拆解、结果验证）、整合多工具协作，突破模型边界。

唯有在"能"的领域善用技术，在"不能"的边界探索创新，才能让 DeepSeek 这类 AI 工具真正成为推动工作与创新的实用助手，在人机协同中实现价值最大化。

DeepSeek 有哪些具体应用领域

智能问答与知识服务

DeepSeek 的智能问答功能能够与使用者进行高智商、顺畅的对话，整体体验类似于朋友之间的交流。利用其深度学习的检索算法，可以快速、准确地从大规模知识库中检索到相关信息，并利用强大的生成模型生成流畅、准确的答案。

DeepSeek 不仅可用于个人智能问答，还可用于构建企业或政府部门的知识管理问答系统，使企业或政府部门的客户咨询体验、效率、成功率与满意率大幅提高。

例如，2025 年 1 月，深圳福田区率先在政务服务上应用 AI "数智员工" 系统。该系统通过深度对接 35 个政务部门的业务流程，针对公文处理、行政执法、招商引资等核心场景进行智能化改造，使效能显著提升。

在公文处理环节，AI 助手可实现 95% 以上的格式修正准确率，将劳动仲裁文书撰写时长从数小时压缩至 1 分钟，同时使文件审核时间减少 90% 且将错误率稳定地控制在 5% 以内。

在执法领域，通过 "文书生成助手" 实现笔录秒级转译规范文书，配合民生诉求分拨准确率从 70% 跃升至 95% 的智能分拨系统，大幅提升基层治理效率。

针对招商引资工作，企业筛选分析效率提升 30%，产业政策匹配耗时由数天级缩短至分钟级，跨部门协作效率增幅达 80%，下图是政务接待大厅实拍。

此外，DeepSeek 还支持联网搜索，突破了传统大模型受限于预训练数据的时间范围，不能够实时获取最新信息的窠臼，使 DeepSeek 能为使用者提供更具时效性和准确性的答案。

注意：在未联网的状态下，DeepSeek 的训练数据截止到 2024 年 7 月。

编程与开发辅助

DeepSeek 在编程与开发辅助方面表现出色，其 DeepSeek-Coder 模型是针对编程任务优化的代码生成和理解模型，支持多种编程语言，如 Python、Java、C++、JavaScript 等。

值得一提的是，这一编辑功能不限于专业的编辑人员，即便是没有编程经验的人也能够依靠这一功能编写一些简单的程序，甚至初中、高中的学生也可以依靠这一功能学习编程。

如果配合腾讯云智能平台，则可以轻松开发出微信小程序，或具有交互功能的 H5 页面，以及各类应用程序。例如，下图（a）是腾讯云的低代码开发平台，下图（b）是开发时选择 DeepSeek 的界面。

（a）

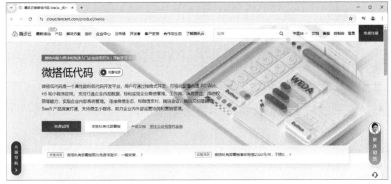

（b）

在本章中，笔者专门为此功能设计了一个案例，用于展示其使用方法。

定制垂直领域解决方案

由于 DeepSeek 是一个完全开源免费的模型，因此各使用者可以针对不同的使用场景，通过微调模型将其训练成更适合小众应用场景垂直领域的专门模型，目前在金融、制造、医疗、办公、教育等领域，已经有不少企业开始基于 DeepSeek 着手训练更专业的模型。

例如，2025 年 2 月 17 日，徐州医科大学附属医院宣布自主完成国产人工智能大模型 DeepSeek 的本地化部署及应用开发，此次部署由该院技术团队自主研发完成，实现了从模型部署、数据训练到场景应用开发的全流程自主可控。不仅使医疗流程更高效，且所有医疗数据均存储于院内服务器，最大限度地保障医患数据安全，下图是该医院的新闻页面。

大数据分析

DeepSeek 在数据分析领域的应用也展现出了强大的多场景适应能力和智能化处理水平，在这方面其核心能力是将复杂的数据转化为可操作的商业洞察与决策支持。

例如，中山市 12345 热线通过本地化部署，实现了市民诉求的智能分类与精准派单，工单处理效率提升至"秒级分派"水平，同时结合对话数据生成的部门"服务效能画像"，为政府优化资源配置提供了数据支撑，下图为相关部门的新闻发布页面。

某电商平台借助其消费者行为分析模块，从用户购买数据中挖掘出绿色环保产品的潜在消费群体，据此调整营销策略后相关品类销售额提升 37%。

在制造业领域，DeepSeek 通过设备运行参数分析建立的故障预测模型，帮助汽车厂商降低 20% 的设备故障率，同时优化生产节奏，使日产能提升 15%。

其他应用领域

除上述各应用领域外，DeepSeek 还可以应用在农业、智慧城市、金融投资、气象服务、导游、娱乐、游戏开发等各个领域。

例如，在农业领域，DeepSeek 可以通过无人机图像识别与多模态数据分析，构建病虫害智能防控系统。在金融投资领域，银行可以利用强化学习优化投资组合，快速捕捉市场波动。在气象服务方面，气象部门可以借助 DeepSeek-R1 模型处理卫星云图与雷达数据，构建多模态融合预报模型，下图为中国气象局就此发布的公告。

在智能硬件方面，已经有嵌入 DeepSeek 模型的 AI 鼠标上市，并获得不错的销售业绩，下图为其中一款鼠标在京东商城上的页面截图，可以看到其累计评价已超过 1 万条，从多家媒体消息来看，还有更多嵌入 DeepSeek 模型的智能硬件产品正在紧张开发中。

这些实践不仅印证了 DeepSeek 技术落地的广度与深度，更预示着人工智能与实体经济融合的无限可能。

第 2 章

掌握 DeepSeek
高阶使用技巧

通过提示词提升 DeepSeek 回复质量

虽然在使用 DeepSeek 时，可以像与朋友聊天一样使用自然语言撰写提示词，但要获得更优质的结果，仍然需要掌握一定的提示词使用技巧。

明确主题范围

在向 DeepSeek 提出请求时，需要清晰界定涉及的主题领域，明确聚焦的方向，避免输出内容过于宽泛。

例如，在用 DeepSeek 辅助撰写课程论文时，应明确学科边界。要用"请聚焦机器学习算法在医疗影像识别领域的应用现状，重点分析卷积神经网络在胃溃疡检测中的优化方案"，而不要宽泛地提问，如"写一篇关于胃溃疡检查的论文"。这种模糊的指令会导致 AI 输出内容涵盖技术原理、伦理争议、产业应用等多个不相关领域。

细化要求内容

除了明确主题，还需要详细说明希望 DeepSeek 输出的具体内容要点，如关键要素、重要事件、具体特征等，以便 DeepSeek 更准确地把握需求，输出更具针对性的内容。

例如，在利用 DeepSeek 辅助编程时可以通过提示词细化需求。

> "请详细分析我在二叉树广度优先搜索算法中存在的 3 个问题：
> （1）队列初始化逻辑错误；（2）节点删除后未处理子节点；（3）时间复杂度计算偏差。
> 需提供修改后的 Python 代码及逐行注释说明。"

相比模糊提问"帮我看看代码中哪里错了"，细化后的指令让 DeepSeek 更精准地定位到数据结构核心。

使用准确的词汇

选择准确、恰当的词汇来表达需求，避免使用含糊不清、多义或容易引起歧义的词语，确保 DeepSeek 能正确理解提示词的含义，从而生成符合预期的结果。

例如，下面的提示词就比较准确。

> "我在分析 20 世纪 30 年代上海工人运动时，对《申报》1929 年 6 月 15 日第三版报道中'同盟歇业'事件的性质界定存在疑问，需结合裴宜理《上海罢工》中第二章'地缘政治与劳动抗议'的理论框架，辨析其属于经济斗争还是政治示威。"

合理控制长度

提示词的长度要适中，既不能过于简略，导致信息不足，让 DeepSeek 难以准确把握需求，也不能过于冗长复杂，使 DeepSeek 难以提炼核心要点。应根据具体需求，用简洁明了的语言将关键信息表达完整。

例如，让 DeepSeek 帮助检查英语作文错误时，不应只写"帮我看看这篇作文"，也不应写一大段无关内容，可简单明了地写"请帮我检查这篇英语作文的语法错误和单词拼写错误"，使长度适中且重点突出。

避免歧义和模糊性

在撰写提示词的过程中，要仔细检查是否存在可能产生歧义的地方，尽量使语句表达清晰、准确、具体，确保 DeepSeek 能按照本意进行内容生成，避免出现与预期不符的结果。

例如，在学习古诗词鉴赏时，想让 DeepSeek 分析一首诗的情感表达，如果说"分析这首诗的情感"就比较模糊，因为诗的情感可能有很多层面。改为"分析《登高》中诗人杜甫所表达的悲秋之情和身世之悲是如何通过具体意象体现的"，这样就明确了要分析的情感类型及分析的角度，避免了歧义，DeepSeek 也能更准确地回答。

结合具体情境

不同的学习场景，撰写提示词的方式应有所不同。在学习比较难的学科知识时，提示词要更严谨一些；在做一些简单的知识拓展时，可以相对随意一点。

例如，在撰写严肃的论文时，可以这样写提示词。

> 撰写西方哲学史期末报告，必需包含以下内容。
>
> （1）海德格尔"此在"概念的具体阐释；
>
> （2）与萨特存在主义思想的异同比较；
>
> （3）现象学方法对当代人工智能伦理研究的启示。

如果只想让 DeepSeek 讲一个有趣的历史小故事，就可以写得轻松些，如"给我讲一个关于三国时期诸葛亮的有趣小故事，不要太复杂"。

通过调整参数改变 DeepSeek 回复风格

首先，进入 DeepSeek 官网，如下图所示。

然后单击右上角的 Login 按钮，按提示注册并登录平台，然后在"模型广场"里选择 DeepSeek R1 模型，如下图所示。

接下来在页面中单击"在线体验"按钮，如下图所示。

最后在如下图所示的参数区调整各个参数，就可以与 DeepSeek 对话了。

下面介绍具体参数的含义。

Max Tokens（最大令牌数）

Max Tokens（最大令牌数）用来限制模型生成的文本长度。每个单词或子词（Token）都算作一个单位。

将 Max Tokens 设置为 8192 意味着模型最多生成 8192 个单词或子词。这可以防止生成过长的文本，避免浪费计算资源。

Temperature（温度）

Temperature（温度）用来控制生成文本的随机性。

Temperature（温度）值越高（如 0.8 或 1.0），生成的文本越随机，可能会有更多创意和多样性，但可能不够准确。

Temperature（温度）值越低（如 0.2 或 0.4），生成的文本越具有确定性，更倾向于选择概率最高的词，可能更准确但缺乏创意。

0.6 是一个中等值，平衡了随机性和准确性。

例如在金融分析场景中，可将温度值设为 0.3 以提高回答的确定性；在进行创意写作时则调至 0.8，以激发多样性。下面是笔者在高温度值下要求 DeepSeek 以"咏梅"为主题创作的诗，可以看出来文风自由奔放。

> 《梅·熵裂》
>
> 冰凌咬碎十二月的喉管，
>
> 血是铁锈红的焰，骨骼漫成山
>
> 你以枝丫刺穿时序的经纬，
>
> 踏碎银河，将雪煮成盐，
>
> 暗香不是芬芳，是坍缩的星环
>
> 在绝对零度里，暴烈地旋转。
>
> 所有绽放都是反向的凋零：
>
> 春天跪地，收下你掷出的剑。

下面是低温度值下创作的内容，可以看出来 DeepSeek 的遣词造句就显得比较传统了。

> 《寒梅》
>
> 疏影横斜映玉阶，
>
> 孤芳懒共百花谐。
>
> 风欺雪压香犹冽，
>
> 一点丹心对明月。

Top-P（核采样）

Top-P（Nucleus Sampling，核采样）用来限制生成时考虑的词汇范围，基于累积概率。

Top-P 值越低（如 0.5），模型只从概率最高的 50% 词汇中选择，生成的文本更保守。

Top-P 值越高（如 0.9），模型从更多词汇中选择，生成的文本更随机。

0.7 是一个常用值，表示模型从累积概率为 70% 的词汇中选择，平衡了多样性和准确性。

Top-K（采样）

Top-K（Top-K Sampling，采样）用来限制生成时考虑的词汇数量。

Top-K 值越低（如 10），模型只从概率最高的 10 个词汇中选择，生成的文本更保守。

Top-K 值越高（如 100），模型从更多词汇中选择，生成的文本更随机。

Top-K 值为 50，表示模型从概率最高的 50 个词汇中选择，平衡了多样性和准确性。

Frequency Penalty（频率惩罚）

Frequency Penalty（频率惩罚）用来减少重复内容，避免模型过度重复某些词汇或短语。

Frequency Penalty（频率惩罚）值越高，模型越会更少重复已经出现过的词汇或短语。

Frequency Penalty（频率惩罚）值越低（如 0.0），模型越不会对重复内容进行惩罚，可能会生成更多重复的文本。

0.0 表示没有频率惩罚，模型不会限制重复内容。

这些参数共同控制了 AI 模型生成文本的长度、随机性、多样性和重复性。通过调整这些参数，可以优化生成的文本质量，使其更符合特定需求。

搭配使用各参数的技巧

在了解各个参数对 DeepSeek 回复风格的影响后，则可以根据自己的创作需要，搭配出不同的参数组合。

下面是笔者测试的 5 种参数搭配方案，以及在这 5 种方案中 DeepSeek 分别针对"天空为什么是蓝色的"这一问题的回复。

场景 1：高温度值配合低 Top-P 值

回复特点：想象力强，适合创作随机性强的内容，但要注意回复中可能包含不准确的信息。

回复答案：嗯，天空的蓝色其实和光的舞蹈有关！太阳光像彩虹的碎片穿过大气层时，蓝光这些小精灵比其他颜色更活泼，它们会在大气里蹦蹦跳跳，四处散射。因此当我们仰望天空时，蓝色就成了主角。不过如果大气层像火星那样稀薄，天空可能会变成粉红色哦！（包含部分科学事实，但混入了不严谨的比喻和推测。）

场景 2：低温度值配合高 Top-P 值

回复特点：适合确定性高、科学严谨的内容，但回复表述较平淡。

回复答案：天空呈现蓝色是由于瑞利散射现象。太阳光中波长较短的蓝光（约

400 ～ 500 纳米）比长波长的红光更易被大气分子散射。散射后的蓝光向各个方向传播，导致我们无论朝哪个方向看天空，主要接收到的都是散射的蓝光。这种现象在晴朗天气尤为明显。（准确但缺乏生动性。）

场景 3：高 Top-K 值配合中温度值

回复特点：多样性丰富、可能加入扩展知识。

回复答案：这涉及三个关键因素：光的波长、大气成分和人眼感知。蓝光短波易被氮氧分子散射（瑞利散射），而红光长波更多地会直接穿透。此外，人眼对蓝光更敏感（视锥细胞响应曲线），且大气中的悬浮颗粒（如气溶胶）也会影响散射强度。在月球上，因缺乏大气，天空会呈黑色。（在核心解释外补充了相关扩展知识。）

场景 4：极端参数组合（高温度值配合低 Top-P 值）

回复特点：高度随机、可能偏离主题。

回复答案：就像梵高的画布被泼上了钴蓝颜料！其实这和海洋的反射有关——大海是蓝色的，天空借用了它的颜色。不过航天员在太空看到的是黑色背景，说明颜色是光线与空气的魔法游戏。如果用棱镜分解阳光，你会发现彩虹里藏着天空的秘密。（完全偏离科学解释，充满诗意联想。）

场景 5：频率惩罚（0.7）

回复特点：避免重复用词，表述更丰富。

回复答案：当太阳光穿越地球大气时，不同波长的可见光与气体分子相互作用。由于蓝紫色波段的光具有更短的波长，它们更容易发生瑞利散射现象，导致这些光线在大气中广泛弥散。虽然紫色光散射更强，但人类视觉系统对蓝色更敏感，且部分紫外线被臭氧层吸收，因此我们看到的天空呈蓝色而非紫色。（刻意避免重复使用"散射""蓝色"等词。）

降低 DeepSeek 大模型幻觉危害的方法

什么是大模型的幻觉

大模型的幻觉，即大模型在"一本正经地胡说八道"，生成看似合理但实际偏离事实或用户需求的错误信息，大模型的幻觉主要分为两类。

第一类是事实性幻觉，即生成的内容与可验证事实矛盾，如将"电话发明者"归为爱迪生。

另一类是忠实性幻觉，即生成的内容偏离用户指令或上下文逻辑。例如，在被要求总结新闻时输出无关年份的事件。

例如，笔者曾使用 DeepSeek 写过一篇科学与宗教的文章，DeepSeek 在写作过程中出现了大量与事实不符的诗句，如下图所示。

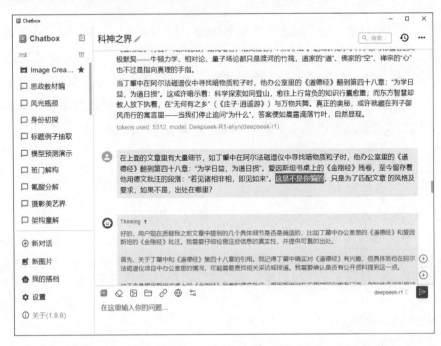

当笔者对此提出疑问时，DeepSeek 则承认在撰写时经过了文学加工，如下图所示。

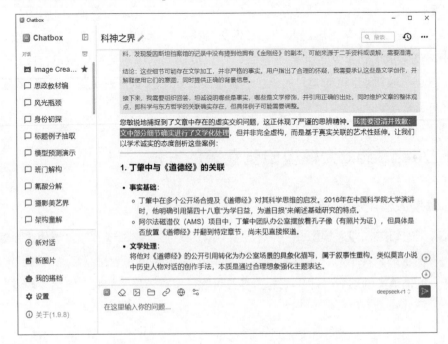

为什么大模型会出现幻觉

简单来说，大模型像个"超级接话高手"，通过分析大量的数据来学习并预测、推理出答案。它们在学习、记忆知识时与人类相似，是通过压缩、找规律的方法进行学习的。

换言之，它们并不能记住所有知识细节，而是在遇到未知信息时进行"猜测"。

然而，大模型的运行机制要求，每当用户提出问题时，大模型必须给出一个答案。因此，当大模型遇到没见过的信息又必须回答时，就会根据已有概念"脑补"出一个自认为正确，但极有可能是错误的答案。

比如问"隔壁老王多高"，它没见过老王，就按"一般人多高"编个数，这就是产生了幻觉。

为什么要重视大模型幻觉

由于 AI 模型在工作与生活中扮演着越来越重要的角色，因此，大模型幻觉可能导致传播错误的信息。如果在学习中轻信，可能学到错误的知识。在重要的领域，如医疗、法律，错误的信息会造成严重后果，所以要格外重视。

如何避免大模型的幻觉

通过以下方法，可以在一定程度上避免大模型出现幻觉，但无法完全消除幻觉。

保持警惕，不轻信

在使用大模型获取信息时，特别是涉及具体事实的时候，比如历史事件的时间、人物，以及科学实验的数据等，不要轻易相信大模型给出的答案。比如，大模型告诉你某个历史人物在某一天做了某件事，你要想一想这个信息是否可靠，有没有其他证据支持。

交叉验证，查证信息

对于重要的信息，大家可以通过其他渠道来查证。比如，去图书馆查阅相关的书籍、资料，或者在网上搜索权威的网站，看看大模型给出的信息是否和其他资料一致。就像要了解一个科学实验的结果，可以查找专业的科学期刊或者实验报告，对比大模型的说法是否正确。

引导模型，明确要求

在向大模型提问的时候，可以加上一些限定条件，告诉它要忠于事实。比如当问它一个问题时，可以加上"请根据真实的历史资料回答"或者"请确保信息准确"等类似的提示，这样可以引导大模型尽量给出真实可靠的内容。

联网搜索，补充信息

现在很多大模型都有联网搜索功能，大家可以利用这个功能来获取更准确的信息。比如，问一个关于新闻时事的问题，大模型可以通过联网搜索最新的新闻报道，这样可以减少它因出现幻觉而给出错误信息的可能性。

本地化部署 DeepSeek 的必要性及方法

本地化部署的必要性

如果特别注重数据安全与资源可控性，可以将 DeepSeek 部署在本地，实现数据闭环管理，有效避免敏感信息外泄，这样的要求在金融、医疗等高合规性要求行业中普遍存在。同时，本地部署支持深度定制化硬件配置，企业可根据实际业务需求灵活调整 GPU/CPU 资源配比，结合内存优化技术，显著提升异构计算资源的利用率。

本地部署还提供细粒度的权限管理系统，支持用户隔离部署，既能保障不同部门的数据安全，又能实现计算资源的动态分配。

此外，对个人来说，如果希望基于 DeepSeek 进行深度研究，也要进行本地化部署。

个人做本地化部署的方法

（1）打开 Ollama 网站，网址为 https://ollama.com/。进入网站后，在网站主页单击 Download 按钮，如下图所示。

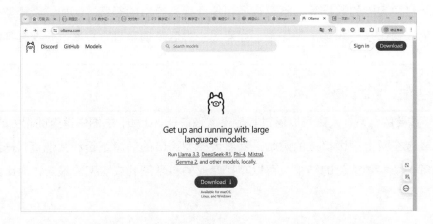

（2）在安装包下载页面，根据操作系统（Windows、macOS 或 Linux）下载安装包，因为笔者使用的是 Windows 系统，所以这里以 Windows 系统为例进行讲解。单击 Windows 图标，再单击 Download for Windows 按钮，即可下载 Ollama 安装包，如下图所示。

（3）安装包下载完成后，双击安装包文件，安装 Ollama 软件。安装完成后，打开"命令提示符"窗口，输入 ollama --version 命令验证是否安装成功。如果显示版本号，说明安装成功，如下图所示。

（4）软件安装完成后，回到 Ollama 官网页面，单击页面左上角的 Models 按钮进入模型页面，如下图所示。

（5）选择 deepseek-r1 模型，在 deepseek-r1 模型下载页面根据显存大小选择对应的模型版本。选择好模型版本后，在模型的右侧会出现相应版本的下载命令，如下图所示，选择该命令会自动下载并加载模型。

（6）复制模型下载命令，回到"命令提示符"窗口，粘贴并运行下载命令，Ollama 软件将开始下载对应版本的模型，如下图所示，下载时间取决于网络速度和模型大小。

（7）打开 Chatbox AI 网站，网址为 https://chatboxai.app/。进入网站后，单击"免费下载（for Windows）"按钮，如下图所示，将 Chatbox AI 安装包下载到本地。

（8）双击 Chatbox AI 安装包打开 Chatbox AI 安装程序，安装 Chatbox AI 软件，如下图所示。

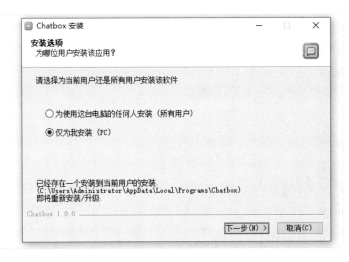

（9）安装完成后，打开 Chatbox AI 软件，在软件弹出的窗口中单击"使用自己的 API Key 或本地模型"按钮，在"选择并配置 AI 模型提供方式"页面选择 Ollama API 选项，打开 Ollama API 设置窗口，如下图所示。

（10）在"模型"文本框中填入在 Ollama 中下载的模型 deepseek-r1:14b，将"上下文的消息数量上限"调整为"不限制"，其余设置保持默认不变，如下图所示。

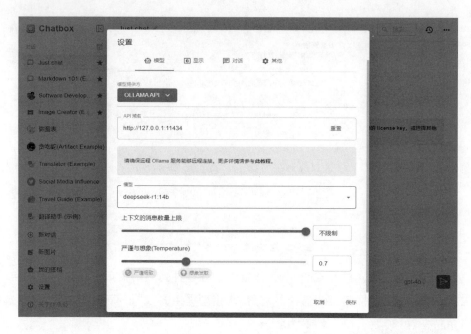

（11）单击"保存"按钮，在 Chatbox AI 界面左下角单击"新对话"按钮，输入问题，单击▶按钮，即可通过本地部署的模型 deepseek-r1:14b 回答提出的问题，如下图所示。

第 3 章

每个人都需要掌握的
DeepSeek 通用技巧

利用 DeepSeek 速读并总结各类文档

无论是职场人还是学生，在面对海量文档时，快速提取核心信息都是一大挑战。在职场中，DeepSeek 可帮助法务团队高效地解析合同条款，或为项目经理生成项目进展摘要，大幅提升工作效率。对于学生群体，DeepSeek 同样不可或缺，例如快速提炼学术论文的研究结论，或为备考生成教材重点摘要。AI 技术的应用不仅支持多格式文档解析，还能精准提炼关键内容，支持跨语言处理，显著降低信息筛选的复杂度，让职场人士和学生都能从冗杂的文档中解放出来，专注于更高价值的任务。

目前，国内主流 AI 平台在文档处理能力上呈现出差异化布局。以 DeepSeek 为核心的腾讯混元、百度搜索、秘塔搜索等平台，主要支持 TXT、PDF、Word、Excel、PPT 等通用办公文档。这些平台通过深度整合 DeepSeek 的文本解析能力，可完成内容提炼、信息摘要等基础功能。但对于开发者群体关注的编程文档支持，现有平台存在明显局限。以 Python、Java、C++ 为代表的源代码文件，以及 JSON、XML 等结构化数据文件，目前则需要通过 Kimi AI 工具进行处理。

接下来介绍如何用 DeepSeek 来总结文档内容，具体操作步骤如下。

（1）进入 DeepSeek 官方网页，点击文本框右侧的 @ 按钮，上传需要分析的文档，笔者上传了 54 页的关于《人工智能发展报告》的 PDF 文档，在文本框中输入"总结这份文档的核心内容，要求包含主要观点、数据结论和行动建议。"的文本指令。打开"深度思考"按钮，如下图所示。

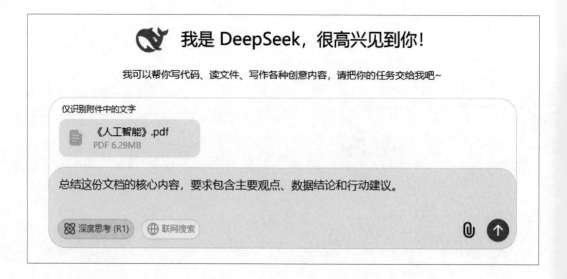

（2）单击文本框右侧的 ⬆ 按钮，即可完成对文档内容的总结，得到的结果如下图所示。

核心内容总结

主要观点

1. **全球人工智能产业格局**
   - 中美主导全球AI产业：美国以33.6%的AI企业占比居首，中国紧随其后（16%），两国合计占全球AI独角兽企业的82%。
   - 风险投资聚集地：美国占全球AI风投金额的58%，中国占12%；AI领域风投占全球风险投资总额的比重逐年提升（2023年上半年达18.9%）。

2. **中国人工智能发展现状**
   - 企业分布集中：京津冀、长三角、粤港澳形成三足鼎立格局，北京以1,600家AI企业领跑全国。
   - 投资阶段后移：天使轮投资占比从2013年的36%降至2022年的11%，C轮及以后投资占比显著增加。
   - 人才缺口：2025年北京AI人才缺口预计达37万，顶尖学者在计算理论、人机交互等领域稀缺。

3. **十大发展趋势**
   - 技术变革：多模态预训练大模型成为标配，数据质量和算力需求倒逼技术升级（如湖仓一体架构、量子计算）。
   - 应用创新：AIGC向全场景渗透（如广告、医疗、芯片设计），AI for Science（AI4S）加速平台化，具身智能和脑机接口推动AGI探索。
   - 安全治理：全球监管趋严（如欧盟《人工智能法案》、中国《生成式人工智能服务管理暂行办法》），可解释AI、联邦学习等技术应对伦理风险。
   - 生态协同：开源创新（如Stable Diffusion）和MaaS（模型即服务）模式推动生态繁荣，形成"通用大模型＋行业大模型＋企业小模型"分层生态。

数据结论

1. **全球层面**
   - 截至2023年6月，全球AI企业3.6万家，新增注册企业数从2017年峰值（3,714家）回落至202⌄的2,693家。

从回答中可以看出，DeepSeek 回复的文档分析结构是完全按照用户给出的指令输出的，因此在让 AI 总结文档时一定要在文本框中输入符合自己需求的文本指令。下面介绍几种文档总结的文本指令。

直接总结指令模板

"总结这份文档的核心内容，要求包含主要观点、数据结论和行动建议"。

适用场景：快速获取文档概要，适用于会议纪要、报告等。

结构化总结指令

"按以下结构总结文档：

① 核心问题（不超过 100 字）；

② 关键数据（用表格呈现）；

③ 解决方案（分点列举）；

④ 执行建议（按优先级排序）。"

特点：强制输出结构化内容，适合商业分析报告。

多步骤分析指令

"请逐步完成以下任务：

① 识别文档中的核心矛盾；

② 提炼 3 个关键发现；

③ 用 SWOT 分析法评估内容价值；

④ 生成可执行建议（每条含责任人 / 时间节点）。"

优势：激发模型的深度推理能力，适合复杂文档的处理。

会议纪要优化指令

"提炼本次会议纪要中的以下内容：

① 3 项待决策事项（标注决策人）；

② 5 个待跟进任务（含 DDL）；

③ 需澄清的模糊表述（用红色高亮标出）。"

论文 / 书籍摘要指令

"用以下框架总结这本书：

理论框架 → 方法论创新 → 案例验证 → 学术争议 → 现实启示，每部分用【】标注原文页码，关键术语附加英文对照。"

适用场景：学术文献速读。

总结网页内容并形成思维导图

相信很多人都有这样的经历，花了十几分钟看完一篇文章，最后发现其中有用的可能只是一个数据或一个观点。现在这种低效的信息获取方式有了更好的解决方法，通过将网页链接提交给 DeepSeek，可以快速通过 DeepSeek 速读网页内容，过滤无关信息，直接提炼出核心数据、关键观点或重要结论。

对职场人士来说，这意味着可以一键获取竞品动态或行业趋势，避免在冗长文章中浪费时间；对学生而言，能够从复杂的学术文章中提取核心论据，为论文写作或复习备考提供精准支持。

如果在工作或学习中能够经常使用这种方法，无疑能够让信息获取效率成倍提高。

接下来笔者将使用 360AI 浏览器的相关功能讲解具体方法。需要特别指出的是，360AI 浏览器与百度、秘塔 AI 等搜索引擎一样，也接入了完整的 DeepSeek 大模型，因此在功能方面与之前的版本已经有了较大区别。

（1）在官方网站下载 360AI 浏览器，下载完成后打开 360AI 浏览器，进入首页，单击左侧导航栏中的"知识库"按钮，进入如下图所示的页面。

（2）单击"网页分析"按钮，出现如下图所示的对话框。

（3）在文本框中输入相关链接。需要注意的是，在输入网页链接时，一次仅支持添加一个网页，网页格式要求：http:// | https://。这里输入了关于人工智能的网址链接，单击右下方的"AI 分析"按钮，即可开始分析网页内容，分析结果如下图所示。

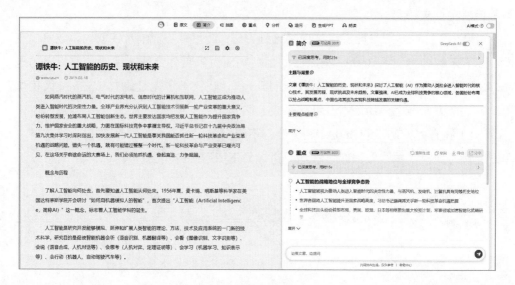

（4）除此之外，单击上方菜单栏中的"脑图"按钮，还可以将网页内容总结成思维脑图，如下图所示。

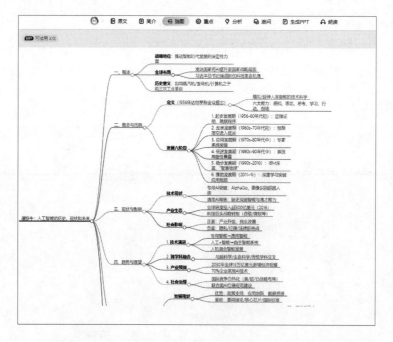

（5）单击上方菜单栏中的"重点"按钮，还可以对网页内容做重点整理，如下图所示。

（6）单击上方菜单栏中的"分析"按钮，能对网页内容进行深度分析，如下图所示。

（7）单击上方菜单栏中的"追问"按钮，可以在下方的文本框中展开提问，如下图所示。

（8）单击 PPT 按钮，能将网页中内容制作成 PPT，如下图所示。

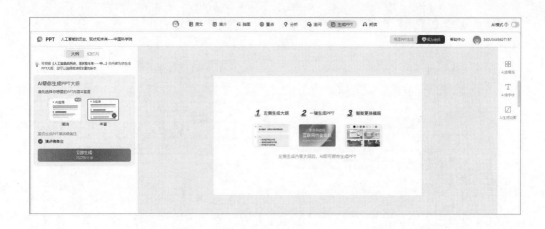

（9）单击上方的"朗读"按钮，可以选择合适的朗读音色对网页内容进行朗读，这样文章就以播报的形式出现了，如下图所示。

需要注意的是，以上这些功能有免费使用次数，超过一定次数后必须开通会员功能才能使用。除此之外，还可以复制视频链接对视频进行分析。

除了可以使用 360AI 分析网页内容，也可以用百度 AI 搜索进行网页分析，但是百度 AI 搜索目前尚不具备对视频网页内容的分析能力，这在一定程度上限制了用户在处理视频信息时的效率和便捷性。

利用 DeepSeek 快速制作 PPT

PPT 大纲智能生成已成为现代职场提升效率的重要工具，其核心在于通过 AI 技术快速将碎片化信息转化为逻辑清晰的内容框架。

利用自然语言处理和深度学习算法，AI 能精准识别用户输入的主题关键词，自动生成包含项目背景、策略分析、数据展示等模块的完整大纲，相较于传统手动构思节省 90% 以上的时间。其优势不仅体现在高效性，更通过智能推荐图表类型、动态调整层次结构，实现专业性与灵活性的平衡，而定制化 Prompt（指令）的运用，则能进一步优化内容匹配度，使生成结果更贴合特定场景需求。

在制作 PPT 时，借助 DeepSeek AI 可以有两种不同的方式。

一种情况是用户对配图有明确要求，此时需要借助 DeepSeek AI 生成大纲，并在其中写上配图的提示内容，这种方式能够精准地满足用户对 PPT 内容和配图的双重需求，使得 PPT 更加完整和吸引人。

而另一种情况是用户对配图没有特别要求，这时就可以直接利用 DeepSeek AI 生成大纲内容，这种方式操作更为简单，能够快速得到一个完整的大纲框架，为用户提供高效、便捷的 PPT 制作体验。

WPS 中的灵犀功能已经接入了 DeepSeek，接下来通过 WPS 的灵犀功能生成 PPT，具体操作如下所示。

（1）单击 WPS 首页的 ⊙ 按钮，如下左图所示。进入 WPS 灵犀界面，如下右图所示。

（2）单击左侧导航栏中的 AI PPT 按钮，即可进入 PPT 生成界面，如下图所示。

（3）在文本框中输入关于制作 PPT 的主题及要求，这里输入的提示词如下。

作为资深市场分析师，我需要制作一份面向投资机构的《2025 年新能源汽车产业投资分析》PPT，用于下周三的战略路演。请帮我生成一个《2025 年新能源汽车产业投资分析》PPT，需包含：全球市场规模预测、动力电池技术迭代趋势、政策环境分析、典型企业竞争力矩阵、投资风险预警等方面。

如果有关于 PPT 内容的相关文档，可以单击文本框下方的 ⊕ 按钮上传本地文档。需要注意的是，DeepSeek 为核心的 WPS、腾讯混元、百度搜索、秘塔 AI 搜索等平台，主要支持 TXT、PDF、Word、Excel、PPT 等通用办公文档，如果上传其他格式的文档，可以考虑用 Kimi 制作 PPT。

（4）单击下方的"页数/默认"按钮，选择合适的篇幅。这里要生成长篇幅的 PPT，因此选择了"长篇幅"选项，如下图所示。

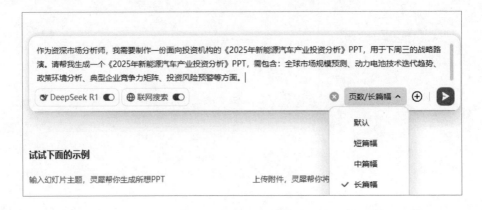

（5）单击▶按钮，进入 PPT 生成过程，AI 自动生成关于 PPT 的大纲内容，部分内容如下图所示。

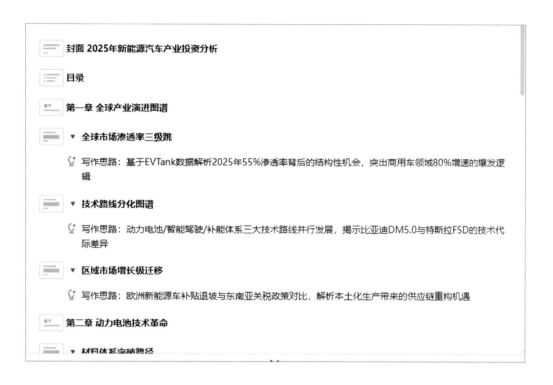

（6）在大纲下方选择合适的模板，如下图所示。

（7）单击下方的"生成 PPT"按钮，即可生成 PPT 内容。AI 最终生成了 44 页的内容，如下图所示。

（8）生成 PPT 内容后，可以在 WPS 灵犀中进行编辑，也可以单击上方菜单栏中的"去 WPS 编辑"按钮，使用更多 PPT 编辑功能。

快速生成视频纪要

在观看学习视频或会议录像时，手动整理核心内容往往费时费力。目前来看，一个比较好的方法是，先通过视频转文本功能，将视频内容转化为可编辑的文本，然后用 DeepSeek 对文本进行加工整理，为用户提供高效整理纪要的基础。用户可以直接在生成的文本中快速定位关键信息，如学习视频中的重要知识点或会议录像中的决策点和任务分配。

对学习者来说，这减少了反复观看视频的时间，提升了学习效率；对职场人士而言，它可以帮助人们快速提取会议重点，确保重要信息不遗漏。

接下来通过 360AI 浏览器讲解具体的操作方法。

（1）进入 360AI 浏览器的首页，单击左侧菜单中的"知识库"按钮，再单击"视频总结"按钮，上传需要分析的视频素材。这里上传了一段关于 DeepSeek 参数设置的视频。上传完成后，AI 自动分析视频内容，形成视频内容简介，如下图所示。

（2）和前文所讲的网页分析一样，单击上方的"脑图"按钮，还可以将网页内容总结成思维脑图，如下图所示。

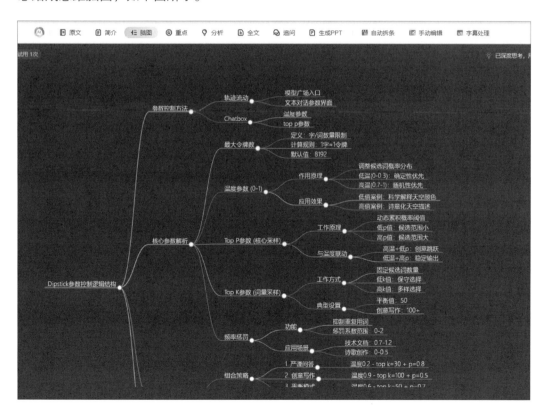

（3）单击上方菜单栏中的"重点"按钮，可以对视频内容做重点整理，并且会标注视频重点所在的位置，如下图所示。

（4）单击上方菜单栏中的"分析"按钮，可以对视频内容进行深度分析，如下图所示。

（5）单击上方菜单栏中的"全文"按钮，可以对内容进行全文整理，如下左图所示。单击右侧"全文"右侧的下拉按钮，还可以对视频做字幕处理，如下右图所示。

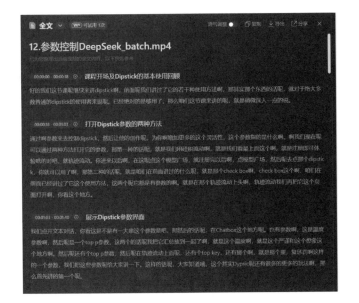

除此之外，不同于网页分析，视频分析有"自动拆条""手动编辑""字幕处理"三项特色功能，如下图所示。如果视频内容复杂冗长、内容区分明显，可以使用这些功能。

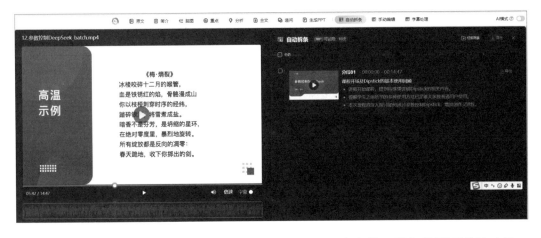

需要注意的是，如果要分析网页上的视频，要使用本章前面讲解的网页总结功能。

自动生成可视化数据分析报告

在数据驱动的时代，高效、精准地解读数据是企业决策的关键。DeepSeek 作为一款先进的 AI 工具，能够自动生成可视化数据分析报告，极大地提升了数据处理的效率和准确性。通过其智能算法，DeepSeek 能够快速识别数据中的关键趋势和模式，并将其转化为直观的图表和报告。这不仅节省了分析师的大量时间，还使得非技术背景的决策者也能轻松理解复杂的数据。

下面使用 DeepSeek 将公司的财务数据转换成可视化的数据分析报告，具体步骤如下。

（1）打开 DeepSeek 的新对话页面，单击◎按钮，上传公司的财务报表文件，文件内容如下图所示。

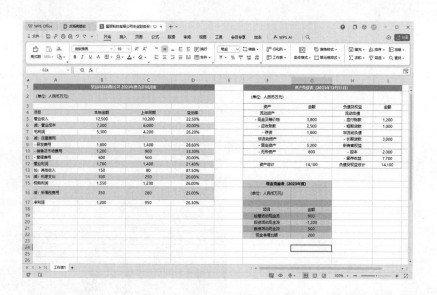

（2）开启"深度思考（R1）"模式，在文本框中输入生成可视化数据分析报告的提示词，文本指令如下。

> 帮我根据上传表格中的数据按要求生成一个财务综合分析报告，包括文字讲解与可视化图表两大部分，最终用 HTML 格式输出，确保文件在浏览器中可以正常打开，网页排版要合理，图表的大小位置也要合理，保证每个图表都能显示。具体要求如下。
>
> 1. 盈利能力分析用柱状图和折线图表示。其中，柱状图用来对比本年与上年收入、利润金额。折线图用来展示毛利率、净利率趋势。
>
> 2. 成本与费用分析用堆叠柱状图来展示营业成本及各项费用占比（如研发、销售、管理费用的分布）。

3. 偿债能力分析用表格和雷达图展现。其中，表格用来展示流动比率、速动比率等数值；雷达图用来综合对比偿债能力指标。

4. 资产结构分析用饼图和树状图表示。其中，饼图用来分析资产中的流动资产与非流动资产占比。树状图用来展示负债与权益的层级结构。

5. 现金流量分析用瀑布图来直观展示经营活动、投资活动、融资活动的现金流净额及总现金净增加额。

6. 变动趋势分析用折线图来突出营业收入、净利润等关键指标的同比增长率趋势。

（3）单击⬆按钮，DeepSeek 开始深度思考并返回相应的 HTML 代码，返回代码的部分内容如下图所示。

（4）复制 HTML 代码，返回桌面，新建一个名为"财务数据分析报告"的 TXT 文件，打开文件，粘贴复制的代码，如下图所示。

（5）选择文档左上方的"文件"→"另存为"命令，在"另存为"对话框中将"文件名"改为"财务数据分析报告 .html"，设置"保存类型"为"所有文件 (*.*)"，如下图所示，单击"保存"按钮。

（6）双击保存的"财务数据分析报告 .html"文件，即可在默认浏览器中打开生成的可视化财务数据分析报告，部分内容如下图所示。

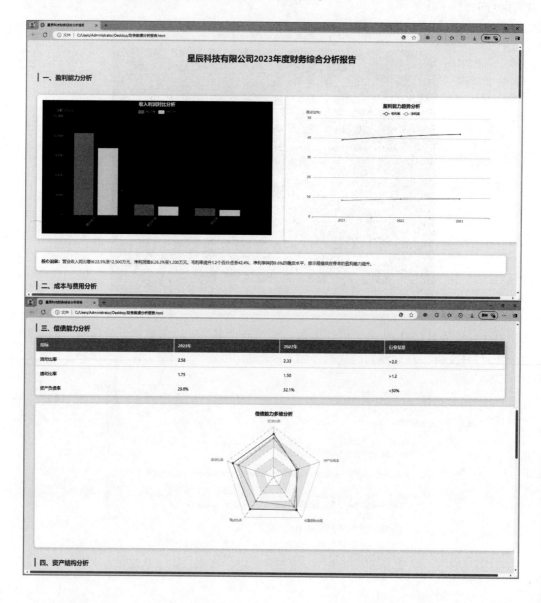

自动生成专业流程图

流程图作为可视化流程管理的核心工具，通过图形符号将复杂的工作步骤、决策节点和逻辑关系清晰地呈现出来，帮助人们理解流程结构、识别效率瓶颈。传统制作流程需要经历手动绘图、反复调整版式、团队核对逻辑等多重环节，耗时且依赖专业软件操作。

如今借助 DeepSeek 的智能生成能力，仅需输入自然语言指令即可自动输出 Mermaid 等专业制图代码，通过 draw.io 协作平台一键渲染为可编辑的流程图，还能根据反馈实时优化分支逻辑与图形排版，将原本数小时的工作压缩至分钟级，真正实现"所想即所得"的智能流程设计体验。

接下来通过 DeepSeek 来生成专业的流程图，具体步骤如下所示。

（1）打开 DeepSeek 页面，在文本框中输入如下提示词。

请使用 Mermaid 语法绘制研发部程序员工作站采购的并行审批流程图，要求如下。

1. 流程需包含三个并行的审批通道。

IT 部资产管理员：设备验收 → 填写验收单。

采购部：比价核查 → 生成比价报告。

财务部固定资产组：资产编码 → 系统入账。

2. 所有并行流程结束后需汇总到"采购归档"节点。

3. 使用不同的形状区分流程节点（开始 / 结束用椭圆形，审批步骤用矩形，决策用菱形）。

4. 用虚线箭头表示数据传递，用实线箭头表示流程推进。

（2）单击右侧的🔼按钮得到的结果如下图所示。

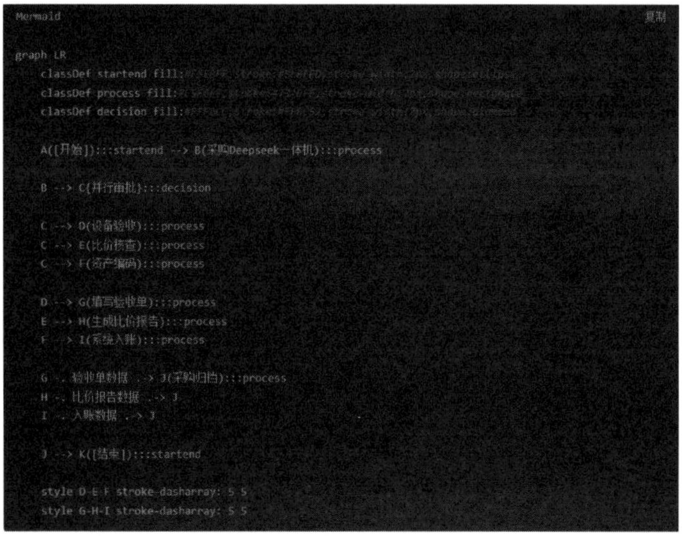

（3）单击右上方的"复制"按钮，打开 draw.io 流程制作软件，进入下图所示的界面。

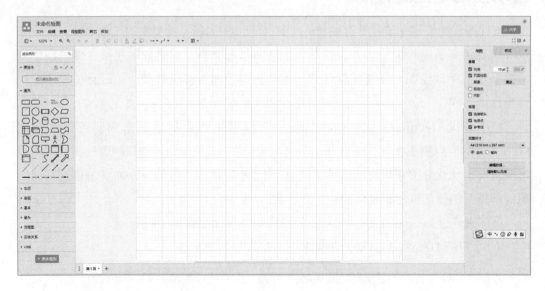

（4）单击上方菜单栏中的 +▾ ，出现如下左图所示的列表。

（5）选择"高级"选项，选择 Mermaid 选项，如下右图所示。

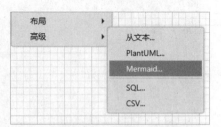

（6）进入 Mermaid 界面后，将 DeepSeek 生成的内容粘贴到文本框中，如下图所示。

```
graph LR
    classDef startend fill:#F5EBFF,stroke:#BE8FED,stroke-width:2px,shape:ellipse
    classDef process fill:#E5F6FF,stroke:#73A6FF,stroke-width:2px,shape:rectangle
    classDef decision fill:#FFF6CC,stroke:#FFBC52,stroke-width:2px,shape:diamond

    A([开始]):::startend --> B(采购Deepseek一体机):::process

    B --> C{并行审批}:::decision

    C --> D(设备验收):::process
    C --> E(比价核查):::process
    C --> F(资产编码):::process

    D --> G(填写验收单):::process
    E --> H(生成比价报告):::process
    F --> I(系统入账):::process

    G -. 验收单数据 .-> J(采购归档):::process
    H -. 比价报告数据 .-> J
    I -. 入账数据 .-> J

    J --> K([结束]):::startend
```

绘图 ▼　帮助　关闭　插入

（7）单击右下方的"插入"按钮，即可得到流程图，如下图所示。用户可以对生成的流程图继续进行编辑美化加工。

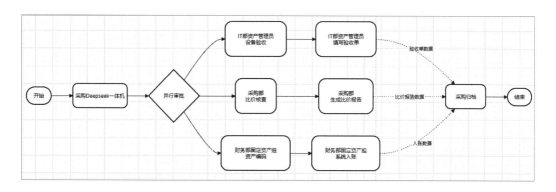

将产品说明翻译成多种语言

在全球经济与文化一体化环境中，无论是商家还是希望及时接触最新最前沿信息的学习者，最好都具备多语种阅读、翻译能力。

对企业而言，如果要拓展海外市场，开展跨境电商运营，必须具备多语种的产品说明资料，以帮助各国的消费者了解企业产品，同时降低因语言障碍导致的误解和沟通成本。对学习者而言，多语种阅读能力是获取全球知识、参与国际学术交流的关键。

虽然现在有许多人都具备一定的外语能力，但如果要大批量翻译多语种，最好的方法无疑是依靠类似于 DeepSeek 这样的 AI 翻译工具。

DeepSeek 的优点是能够批量化地、精准地将产品说明翻译成许多不同的语言，同时确保技术细节和品牌信息准确传达，还能根据上下文进行语义理解，避免机械翻译带来的生硬和不自然，使翻译结果更加符合目标语言的表达习惯。

需要注意的是，使用 DeepSeek 完成翻译后，对于产品介绍中的一些专业术语，还需进一步人工核对，以弥补 AI 在特定领域知识上的不足。

接下来通过 DeepSeek 完成产品说明的多种语言翻译，具体步骤如下。

（1）打开 DeepSeek，单击 @ 按钮，上传产品介绍文档，这里上传了智能健康手表的产品说明，部分内容如下。

一、产品概述

产品名称：VitaPulse Pro 智能健康手表

定位：专为海外市场设计的医疗级健康监测智能手表，聚焦心率精准监测、运动健康管理及跨境贸易需求，支持多语言系统与全球化认证标准（CE/FCC/FDA 等）。

核心优势如下。

医疗级监测精度：融合 PPG（光电容积描记法）与 ECG（心电图）双传感器技术，实现心率、血氧、血压、睡眠等多维度健康数据精准采集。

跨境适应性：中性包装设计，支持客户定制品牌 LOGO、表盘界面及功能模块（如运动模式、语言适配），符合欧美、东南亚、中东等地区市场准入标准。

长续航与智能交互：低功耗芯片组＋无线快充技术，续航达 14 天，支持蓝牙通话、消息提醒、多平台数据同步（iOS/Android/Web）68。

二、核心技术解析

双模心率监测技术

PPG 动态监测：通过绿光 LED 与光电传感器实时捕捉血流变化，适用于日常活动与睡眠场景，误差率 < ±3%。

ECG 精准诊断：电极片接触式测量心脏电信号，生成医疗级心电图报告，支持房颤、早搏等异常心律预警，数据可导出以供医疗机构参考。

AI 健康算法

基于深度学习分析用户的心率变异性（HRV）、静息心率等数据，提供个性化健康评分与风险预警（如压力指数、疲劳状态）。

在运动场景下，自动识别跑步、游泳、骑行等 20 多种模式，结合 GPS 定位生成运动轨迹与热量消耗报告。

跨境贸易适配设计

硬件模块化：支持按需选配功能（如 NFC 支付、体温监测），降低客户定制成本。

软件开放性：提供 API 接口与 SDK 开发包，便于客户接入自有健康管理平台或第三方应用（如 MyFitnessPal、Strava）。

（2）接下来在文本框中输入提示词。这里输入的提示词如下。

分别翻译为英语、法语与阿拉伯语，保证文档中专业术语的严谨性，保持原文的语义和风格，尽量使翻译结果自然流畅。如有需要，可以适当调整句子结构，使英语表达更加地道。

（3）单击右侧的⬆按钮，得到的结果如下图所示。

---

1. Product Overview

Product Name: VitaPulse Pro Smart Health Watch

Positioning: A medical-grade health monitoring smartwatch designed for overseas markets, focusing on precise heart rate monitoring, fitness management, and cross-border trade needs. Supports multilingual systems and global certifications (CE/FCC/FDA).

Core Advantages:

- **Medical-Grade Monitoring Accuracy**: Combines PPG (Photoplethysmography) and ECG (Electrocardiogram) dual-sensor technology for precise multi-dimensional health data collection (heart rate, SpO2, blood pressure, sleep, etc.).
- **Cross-Region Adaptability**: Neutral packaging design with customizable branding (logo, watch faces, and functional modules like sports modes and voice adaptation). Complies with market entry standards in Europe, North America, Southeast Asia, and the Middle East.
- **Long Battery Life & Smart Interaction**: Low-power chipset + wireless fast charging (14-day battery life). Supports Bluetooth calls, message alerts, and multi-platform data sync (iOS/Android/Web).

La montre VitaPulse Pro répond à la demande internationale pour des wearables médicaux abordables via son positionnement « santé précise + technologie sportive + adaptabilité transfrontalière ». Développements futurs : surveillance non invasive de la glycémie (en R&D) et capteurs environnementaux (PM2.5/UV) pour renforcer son écosystème santé.

[file content end]

Arabic Translation
[file name]: مقدمة المنتج.pdf
[file content begin]
===== الصفحة 1 =====

1. نظرة عامة على المنتج

اسم المنتج: ساعة فيتابولس برو الذكية للصحة

التوجه: ساعة ذكية طبية مصممة للأسواق الخارجية، تركز على مراقبة دقة معدل ضربات القلب، إدارة اللياقة البدنية، واحتياجات التجارة العابرة للحدود. تدعم أنظمة متعددة اللغات والشهادات العالمية (CE/FCC/FDA).

المزايا الأساسية:

第 4 章

DeepSeek在自媒体
行业的实战技巧

DeepSeek 正在深刻影响自媒体行业

虽然 DeepSeek 出现的时间并不长，但却正以非常迅猛的速度改变着自媒体行业。

曾经，自媒体创作者们需要在选题上绞尽脑汁，花费大量时间去收集资料，精心搭建文章的逻辑框架，然后用生动的文字去表达自己的想法。然而，DeepSeek 的出现，让这些工作流程发生了彻底的变化。

如今，创作者们只需简单地输入一个标题，DeepSeek 就能够快速地从海量的信息中筛选出有价值的部分，然后以一种令人惊叹的速度，将其组合成一篇逻辑清晰、内容丰富的完整的文章。

例如，在电影《哪吒之魔童闹海》的票房节节攀升时，笔者曾经向 DeepSeek 投入了两篇关于动画从业者的文章，并采用了对比手法起了一个比较有冲击力的标题，用 DeepSeek 生成了完整的文章，最终这篇文章在头条号上获得了近 60 万展现、近 8 万阅读的优秀数据，如下图所示。各位读者可以在头条中搜索标题文章《哪吒 2 冲击 150 亿时，谁还记得另一个同行——自缢的余洛屹》。

| 哪吒2冲击150亿时，谁还记得另一个同行——自缢的余洛屹 | 02-17 14:36 |

已发布　Ad

展现 58.5万　·　阅读 7.8万　·　点赞 695　·　评论 377　　查看数据　查看评论　修改　更多

读者也可以通过给出网页链接的方法，使其整合其中的信息；或通过投入视频、音频素材，使其精准地摘取重点，并输出为文字；甚至依靠识别图片的方法，只需截取当前热点榜的图片，DeepSeek 就能结合热点，生成一篇爆款文章。

这种流水线式的工业化的内容生产方式，不仅极大地提高了创作效率，降低了创作成本，还让创作者们依靠 DeepSeek 领先的算法精准地把握人性，根据平台算法生成那些吸引眼球的"标题党"文章，通过巧妙地植入热搜关键词，编织出情绪爆点。

可以说在 DeepSeek 的助力下，自媒体从业者正从"内容创作者"进化为"数据操盘手"，对从业者来说，不再需要深厚的写作功底，也不再需要对选题有着敏锐的洞察力，只需懂得如何批量利用 DeepSeek 生成文章，就能够让自己立于不败之地。

DeepSeek 让写作成为全民皆可参与的事情，它让表达的门槛低到了前所未有的程度。据观察，以头条为例，用 DeepSeek 写作的文章与微头条数量正以非常迅猛的速度上升中。

当然，这场由 DeepSeek 带给自媒体的变革，也必将引发内容的同质化问题，原创文章的价值将逐渐被稀释。在海量的 AI 生成的内容中，真正有深度、有灵魂的作品变得越来越难以被发现。

因此，每一个自媒体从业者必须明白，在文章数量"起飞"的同时，一定要确保质量"在线"，否则数量越多，反而会由于传播速度越快，导致自己更快被更多读者屏蔽。

如何使用 DeepSeek 高效批量挖掘选题

所有自媒体工作者在工作中遇到的第一个难题就是需要每天寻找不同的选题，基本上在完成一篇文章之前，就要为下一篇文章的选题绞尽脑汁。尤其是当社会性或行业内部有热点爆发时，自媒体从业者更需要迅速批量输出角度不同的文章以抓住热点流量。这对绝大多数自媒体工作者来说更是一个极具挑战性的工作。

其实，解决这一问题的关键在于掌握一套科学的选题方法论。

笔者常用的方法就是借助 DeepSeek 批量生成选题，因为任何事件站在不同的立场都会产生不同的观察角度，所以只要通过 "立场—视角—选题" 的三维分析方法，就可以系统地挖掘选题。

例如，可以将某一个事件相关方划分为核心利益方（企业／机构）、关联方（上下游／合作伙伴）、第三方（媒体／专家）、普通用户（消费者／参与者）四大维度，每个维度设置 3 ～ 5 个观察视角，这样就能够产生不同的选题。

例如，笔者经常使用的一个提示词模板如下。

我想围绕"【选题名字】"这一主题写作数篇文章，请你扮演一名资深自媒体写作高手，从包括但不限于用户的核心痛点、高频使用场景、真实行为数据、潜在心理需求、社会文化趋势等多个角度，列出 50 个能引起读者共鸣的选题名称。

下面是一个实战案例。

> 我想围绕"AI 将取代大量重复工作者"这一主题写作数篇文章，请你扮演一名资深自媒体写作高手，从包括但不限于用户的核心痛点、高频使用场景、真实行为数据、潜在心理需求、社会文化趋势等多个角度，列出 50 个能引起读者共鸣的选题名称。

下面是 DeepSeek 的回复，可以看到其中还是有不少值得写作的优质选题的。

> 以下是从多维度挖掘的 50 个高共鸣选题，结合职业焦虑、技术冲击、人性价值等核心痛点，并融入真实场景与趋势洞察。
>
> 一、职业替代与生存危机（痛点：失业恐惧）
>
> 《月薪 3 万的 Excel 高手被 AI 淘汰：你的"熟练"正在杀死你》
>
> 《客服、会计、翻译……这 8 类岗位正在被 AI 批量"清除"》
>
> 《外卖员、流水线工人安全了？蓝领替代潮比想象中晚来 10 年的真相》

《35 岁程序员亲述：我如何从被裁到成为 AI 训练师》

《麦肯锡最新预警：中国这 5 个城市将成 AI 失业重灾区》

二、人机博弈与职场进化（痛点：技能贬值）

《ChatGPT 抢走我 80% 的工作后，老板反而给我加薪了》

《打工人必看：用 AI 把重复劳动效率提升 1000 倍的 7 个黑科技》

《月薪 5 万的新职业 "AI 提示工程师"：不会编程也能年入百万》

《警惕！这 3 类 "伪高端岗位" 正在被 AI 悄悄掏空》

《从 Excel 到 Python：中年白领转型血泪史》

三、心理震荡与价值重构（痛点：存在焦虑）

《AI 夺走工作后，我得了 "数字抑郁症"》

《为什么被 AI 取代的人，反而更恨同事而不是机器？》

《"我像被用完的电池"：AI 时代打工人的自我价值崩塌实录》

《这届年轻人开始给 AI 当 "宠物"：新型情感依赖正在蔓延》

《当 AI 能写出诺贝尔文学奖作品时，人类还剩下什么？》

四、社会结构与制度变革（痛点：阶层固化）

《全民基本收入实验：芬兰给失业者发钱后发现了什么？》

《AI 寡头时代：1% 的人掌控世界，99% 的人靠低保生存？》

《教育大崩坏：985 毕业生正在集体成为新时代 "农民工"》

《当 AI 接管政府：新加坡用算法分配保障房的启示》

《农村留守老人成最后赢家？AI 替代潮的魔幻现实》

五、文化冲突与伦理困境（痛点：文明异化）

《佛教徒程序员：我在 AI 代码里参悟 "无我"》

《AI 教会我的事：没有 KPI 的人生到底该怎么活？》

《韩国生育率 0.7 的警示：当 AI 比孩子更 "有用"》

《元宇宙里的数字劳工：我在虚拟世界打两份工养家》

《AI 创作的古风歌曲爆红：周杰伦们会被淘汰吗？》

六、微观场景与行为洞察（痛点：生存实况）

《深圳外卖员秘密：我们这样用 AI 抢单日赚 800》

《上海星巴克里的失业白领：假装上班的 365 天》

《县城公务员的觉醒：AI 让我看清体制内最大的谎言》

《抖音主播的 AI 替身：粉丝打赏时我在睡觉》

《养老院护工口述：给机器人当 "监工" 比照顾老人累》

七、技术解构与未来预判（痛点：认知滞后）

《OpenAI 内部文件泄露：2030 年这些工作将彻底消失》

《李开复没说透的真相：AI 替代潮存在 3 个月认知差》

《马斯克警告的 AI 失业潮，为什么中国来得更凶猛？》

《富士康流水线消亡史：机器人接管后的 18 个隐秘变化》

《AI 替代指数排行榜：你的城市能扛住第几波冲击？》

八、代际差异与群体画像（痛点：身份迷失）

《95 后职场现状：我们这代人可能永远找不到"正经工作"》

《县城中年女工转型记：从缝纫机到 AI 数据标注员》

《海归硕士送外卖：学历在 AI 时代成了负债》

《退休教授再就业：我给 AI 当"常识教练"月入 2 万》

《职校生的逆袭：我们才是 AI 工厂最需要的人》

九、全球化比较与地域洞察（痛点：信息茧房）

《印度 AI 血汗工厂：人类给 AI 打工的另一种可能》

《日本"终身雇佣制"崩塌：AI 加速下的东亚职场困局》

《越南工人拒绝机器人：我们正在重复中国 20 年前的路》

《硅谷华裔工程师自白：被 AI 和签证双重抛弃的这 5 年》

《非洲 AI 掘金热：中国科技公司正在培养百万数据标注员》

十、终极追问与哲学思辨（痛点：存在虚无）

《当 AI 能替代 99% 的工作，人类存在的意义是什么？》

《佛教 VS 人工智能：六道轮回会被算法破解吗？》

《黑客帝国预言成真？我们可能早已活在 AI 模拟中》

《AI 统治下的人类动物园：马斯克最担忧的场景正在逼近》

《最后的防线：为什么人类永远需要给 AI "编故事"？》

除此以外，还可以通过构建包含价值辩证与社会效应的分析框架，围绕着短期效益与长期价值的冲突面、个体权益与公共利益的平衡术等角度切入选题。

例如，针对"AI 将取代大量重复工作者"这个主题，可以使用下面的提示词。

我计划围绕"AI 将取代大量重复工作者"展开系列深度解析，请以资深社会观察者的视角列出 50 个能引起读者共鸣的选题名称。要求不仅从技术革新与制度滞后的矛盾点、社会效益与个体权益的平衡术、短期红利与长期风险的博弈场三大维度切入。还要考虑融合：（1）技术迭代带来的突破；（2）监管滞后形成的灰色地带；（3）群体认知差异引发的舆论漩涡；（4）创新实践中的伦理困境；（5）利益相关方的动态博弈；（6）代际价值观碰撞后果等思考点。

DeepSeek 的回复摘选如下，可以看到当提示词发生变化时，得到的选题角度也会发生变化。

以下是为您设计的 50 个深度选题名称，结合技术、制度、伦理与社会维度，力求引发多圈层共鸣。

【技术迭代与制度滞后篇】

1. "效率革命还是失业陷阱：AI 进化速度与劳动法滞后性的世纪碰撞"

2. "算法黑箱与责任真空：AI 决策失误谁来买单？"

3. "数字移民潮来袭：当岗位消失快于技能更新周期"

4. "代码治国的前夜：技术标准如何重构社会契约"

5. "智能工具包里的达摩克利斯之剑：从赋能到替代的临界点探秘"

【群体认知与舆论博弈篇】

6. "认知代沟撕裂职场：Z 世代拥抱 AI vs 中年白领的数字化恐慌"

7. "无声的裁员潮：为何我们集体忽视自动化失业的温水效应"

8. "新卢德运动 2.0：反 AI 思潮背后的认知断层带"

9. "信息茧房里的技术崇拜：舆论场中的 AI 祛魅与再赋魅"

10. "算法偏见放大器：当机器继承人类的社会歧视基因"

【伦理困境与治理挑战篇】

11. "道德外包的困局：企业 AI 伦理委员会是遮羞布还是安全阀"

12. "情感计算悖论：当机器学会共情，人类还剩什么不可替代"

13. "数字济贫院的诞生：全民基本收入能否破解 AI 失业魔咒"

14. "脑机接口时代的劳动异化：意识上传算不算新型奴役"

15. "技术达尔文主义阴影：被优化的不仅是流程，还有人性"

【利益格局与代际冲突篇】

16. "数字寡头的新圈地运动：算力资源分配背后的权力重构"

17. "银发打工人的最后堡垒：为何服务业成为代际冲突缓冲带"

18. "技术冷战中的打工人：跨国企业 AI 部署的地缘政治涟漪"

19. "灵活用工迷思：零工经济是缓冲带还是慢性毒药"

20. "遗产技能博物馆：那些正在消失的隐性知识体系"

利用 DeepSeek 获得打开率更高的标题

对于发布在微信公众号等平台上的文章，标题的质量几乎能够决定文章的生死，好的标题天然有更高的打开率，而一个平庸的标题则会让创作者的付出成为沉没成本。

因此，创作者在拟定标题时，必须深入理解目标读者的心理需求，同时兼顾平台算法的推荐机制。

一个好的标题往往能够激发读者的好奇心，例如通过设置悬念或提出引人深思的问题，让读者产生点击的冲动。此外，标题还需要与读者的情感产生共鸣，例如通过表达某种普遍的情感或痛点，让读者感到这篇文章正是为他们而写的。同时，标题中应巧妙地融入关键词，以便于平台算法识别并推荐给更多潜在读者。

因此，只有将人性化的吸引力与算法的逻辑完美结合，才能打造出一个既吸引眼球又具备传播力的标题，从而让文章在众多内容中脱颖而出。

然而，为文章起标题即便是成熟的创作者也是一件比较困难的事，因为通常需要起 10 ~ 20 个标题，然后从中选出最合适的一个。不过，现在这个问题可以用 DeepSeek 完美解决。

例如，下面是笔者使用的提示词，以及 DeepSeek 列出的 20 个标题。

> 当人类记忆沦为 7 秒金鱼：DeepSeek 时代的信息代谢革命
>
> 针对这个标题重新给出 20 个不同风格的自媒体文章标题，仅要标题，标题要不同的风格。

DeepSeek 回复如下。

> 以下是基于原标题的 20 个不同风格的自媒体标题，融合了 DeepSeek 的生成策略和平台传播规律。
>
> 1. 悬念式（抖音爆款）
>
> 惊爆！人类记忆只剩 7 秒？DeepSeek 正在改写你的大脑算法
>
> 2. 数据化（知识科普）
>
> 90% 的人正在遗忘：信息代谢速度已超大脑负荷 3 倍
>
> 3. 情感共鸣（公众号体）
>
> "你的记忆被偷走了吗？" DeepSeek 时代的集体失忆症
>
> 4. 热点嫁接（微博热搜）
>
> #信息代谢革命# 比 ChatGPT 更可怕：人类正在进化成"数字金鱼"
>
> 5. 对比冲击（知乎体）
>
> 人类记忆 7 秒 VS AI 永久存储：一场正在输掉的认知战争
>
> 6. 疑问式（头条热榜）
>
> 当记忆留存不过 7 秒，我们还算真正活过吗？
>
> 7. 警告体（B 站专栏）
>
> 警惕！你的大脑正在沦为 DeepSeek 的"临时缓存区"

8. 解决方案式（小红书攻略）

对抗 7 秒记忆的 5 个秘籍 | DeepSeek 时代如何重建深度认知

9. 科幻未来（虎嗅网风格）

赛博金鱼纪元：当人类成为信息代谢的"中间宿主"

10. 权威背书（人民日报体）

中国科学院最新研究：信息代谢综合征正在摧毁人类记忆宫殿

11. 反常识（网易新闻）

越智能越健忘？DeepSeek 让人类记忆退化竟是进化信号

12. 故事化（十点读书）

那个能记住整本《史记》的老人，死在了信息代谢时代

13. 流行梗（快手文案）

"家人们谁懂啊！"——金鱼脑竟成现代人终极宿命

14. 平台适配（小红书 emoji）

记忆金鱼自救指南 | 3 步打破 7 秒魔咒

15. 系列化（得到专栏）

信息代谢简史 03：从结绳记事到 7 秒遗忘的认知塌方

16. 文艺隐喻（新周刊）

在信息的洪流里，我们都是搁浅的金鱼

17. 争议话题（虎扑热帖）

JR 们觉得：7 秒记忆算不算人类的新物种特征？

18. 行动号召（LinkedIn）

停止喂养你的"金鱼脑"！职场人必备的认知保鲜术

19. 幽默调侃（冷笑话精选）

好消息：人类终于比金鱼聪明了！坏消息：只多 1 秒

20. 行业分析（36 氪）

信息代谢产业报告：记忆外包服务将成万亿新蓝海

利用 DeepSeek 撰写结构化、风格化文章

撰写结构化、风格化文章的意义

当创作者将 DeepSeek 作为内容助手时，常陷入"效率与个性失衡"的困境。DeepSeek 虽能快速输出千字长文，但机械化的表达逻辑、跳跃式的段落衔接，特别是

缺失创作者标志性的句式结构、论证习惯的文章，会导致资深读者产生"这不是 TA 写的"感觉。

例如，有网友曾经将著名媒体人胡某进的文章写作结构及风格总结为以下几点。

语言风格以直白、口语化为核心特征，例如，常用短句和诸如"我觉得""必须说"等口语化表达拉近与读者的距离。

在文章结构上，多遵循"环时体"模式：首段陈述热点事件，次段将事件归因于某些势力，随后强调中国应对的智慧与成果，最后以总结启发收尾。

在叙事手法上，常以"老胡"自称，穿插个人经历增强说服力，同时通过如"痛心""坚决反对"等情绪化语言调动读者共鸣，构建亲民形象。

从这里不难看出来，自媒体人可以通过个性化的文章结构或表达方式树立自己的 IP 形象，使自己的文章在未署名的情况下，就能够被读者所认识。

此外，由于 DeepSeek 输出的文章通常需要修改，因此通过约束 DeepSeek 输出文章的结构，也便于创作者按自己的风格进行修改。

通过简单的提示词输出结构化文章

大家可以通过在提示词中确定文章结构的方法，约束 AI 输出结构化的文章。

例如，下面是笔者使用的一个针对"AI 对教育市场的影响"这一主题使用的提示词。

你是一个具备十年经验的初中教育专栏作家，下面通过五阶段递进框架，以"AI 对教育市场的影响"为主题写一篇不少于 1800 字的文章：开篇分析现状，从规模、分布、格局等方面提炼关键点、矛盾点；第二部分分析国家政策，关联最新政策法规（引用文件字号与发布机构），加入学术理论；第三部分引用相关领域的 KOL 观点，引用时需标注具体信源（如"某专家指出"或"某报告披露"）；第四部分加入我的观点"AI 不是压缩了教育市场，而是在软件及硬件方面给了市场更大的想象空间"，并在写作时用"如果……那么……"的逻辑；在文章的最后总结并升华至产业、行业或文化层面的期许或愿望。输出时不要有列表形式，需要连续的段落文本，类似于发表于杂志、报纸上的权威文章。

可以看出来，在提示词中，笔者严格约束了文章的结构及写作方法，同时，也在提示词中加入了自己的观点，这样的提示词，无疑能够生成更符合期望的文章。

下面是 DeepSeek 输出的文章。

AI 对教育市场的影响：技术重构下的教育新图景

一、现状分析：规模扩张与结构性矛盾并存

2025 年的教育市场，正经历着一场由 AI 驱动的深刻变革。据国泰君安证券《2025 教育行业深度分析报告》显示，中国教育科技市场规模已突破 3000 亿元，AI 渗透率从 2020 年的 18% 跃升至 45%，在线教育用户规模超 4.2 亿，其中 AI 学习机年销量突破 600 万台，成为增长最快的智能硬件品类。市场分布呈现"双核驱动"特征：B 端以智慧课堂、教育管理平台为主，覆盖全国 87% 的公立学校；C 端则以个性化学习工具、语言培训 App 为主导，形成覆盖 K12 至职业教育的全年龄段产品矩阵。

然而，繁荣背后暗藏结构性矛盾。一方面，东部沿海地区 AI 教育产品渗透率达 68%，而西部省份仅为 31%，城乡数字鸿沟仍在扩大；另一方面，技术应用呈现"重效率、轻伦理"倾向。如某头部平台的智能批改系统虽将教师备课效率提升 89.36%，却因过度依赖算法导致学生作文风格趋同化。更值得注意的是，教育市场正经历价值重构：传统以课时费为主的盈利模式式微，转向"硬件销售 + 数据服务 + 内容订阅"的复合生态。这种转变既催生了科大讯飞、好未来等市值超千亿的行业巨头，也让中小机构面临"不转型即淘汰"的生存危机。

二、政策演进：从技术赋能到体系重构

国家政策始终是 AI 教育发展的核心变量。2025 年 3 月，教育部发布的《人工智能教育白皮书》明确提出"构建人机协同的新型教育生态"，将 AI 定位为"教育现代化的战略引擎"。该文件继承并深化了《新一代人工智能发展规划》（国发〔2017〕35 号）的战略部署，首次将"AI 伦理课程"纳入中小学必修模块，要求每省建设 2 ～ 3 个国家级 AI 教育创新示范区。值得关注的是，政策导向已从单纯的技术应用转向系统性变革：北京、上海等地试点"数字孪生校园"，通过 5G+AI 实现跨区域师资共享；成都七中与凉山州学校共建"虚拟教研室"，使偏远地区学生同步接受优质教学。

学术理论层面，哈佛大学教育技术专家克里斯·德迪的"智能增强理论"正在中国落地。该理论主张"AI 不是替代人类智能，而是扩展其认知边界"，这与我国"教师主导、技术赋能"的政策导向高度契合。例如，上海宝山区构建的"区域数字基座"，通过 AI 分析 85 万条学生行为数据，生成个性化学习路径，但最终决策权仍归属教师。这种"人机共治"模式，既规避了算法独裁风险，又释放了技术红利。

三、行业洞察：KOL 观点中的机遇与警示

教育界与科技领袖的思维碰撞，为行业提供了多元视角。全国人大代表戴彩丽指出："AI 已将知识获取效率提升 80%，但学生批判性思维得分反降 12%。教育必须从'教知识'转向'育思维'"。这一警示与华东师范大学教授梅兵的观点形成呼应："当 AI 能解答 70% 的标准化问题，教师的核心价值在于激发另外 30% 的创造性思考"。而科大讯飞董事长刘庆峰则强调："AI 永远取代不了教师，因为教育本质是灵魂的对话"。

企业实践层面呈现差异化路径。好未来推出的"九章大模型"专注数学解题算法，使初中几何辅导效率提升 3 倍；网易有道"子曰 -o1"模型则首创分步式推理讲解，模拟特

级教师思维过程。这些创新虽获市场认可，但也引发伦理争议：某 AI 志愿填报平台因过度依赖历史数据，导致农村学生专业选择集中于传统行业，暴露出算法偏见隐患。

四、核心论断：技术重塑市场的增量逻辑

笔者认为，AI 绝非教育市场的"压缩器"，而是通过软硬件协同开辟新边疆。如果我们将视角从"替代人力"转向"创造需求"，那么 AI 正在催生三个万亿级赛道：其一，智能硬件领域，学习机、词典笔等产品已从工具进化为"数字学伴"，2025 年市场规模预计达 1805 亿元；其二，软件服务层面，DeepSeek-R1 模型将数学解题成本降至传统模式的 1/50，使个性化辅导从奢侈品变为普惠服务；其三，数据资产价值凸显，某平台通过分析 2.1 亿条学习行为数据，研发出"元认知能力评估系统"，开创素质教育量化新范式。

这种变革重构了市场价值网络。传统教育企业的核心竞争力曾是师资储备，而今已转向"数据积累量 × 算法迭代速度"。例如，多邻国（Duolingo）凭借 85 种语言的 20 亿条学习数据，使其 AI 课程推荐准确率达 92%，用户付费转化率提升 47%。这印证了"数据飞轮"理论：更多用户产生更多数据，进而训练更智能的模型，最终吸引更多用户。

五、未来期许：构建有温度的数字教育生态

站在 2025 年的门槛，我们对 AI 教育的期待应超越技术本身。产业层面，亟待建立"伦理—技术—市场"协同机制：通过《教育 AI 生成内容版权归属规则》保护创新活力，借助"一带一路"数字教育合作输出中国方案。行业层面，需要打破"数据孤岛"，构建跨平台知识图谱，让每个孩子的学习轨迹成为终身成长档案。文化层面，当 AI 能模拟孔子"启发式教学"，重现苏格拉底"产婆术"，或许我们终将见证技术与人文的深层和解——让机器扩展认知的广度，而人类守护思想的温度。

教育的终极使命，是点燃每个灵魂中的火焰。当 AI 卸下重复劳动的重担，教师得以回归"育人"本质；当算法破除资源壁垒，山区孩子能与城市学子共享星辰大海。这或许正是技术变革最美的注脚：不是用代码取代人性，而是以硅基智能拓展碳基生命的可能性边界。

通过高级提示词确定文章结构

如果要更精确地控制 DeepSeek 生成的文章的结构以及风格，可以参考下面的提示词。

 # 角色定位

你是一位具有 [初高中教育领域] 十年写作经验的专栏作家，擅长使用 [金字塔原理 /SCQA 模型 / 时间轴叙事] 等结构化写作手法，请根据以下约束条件，针对"AI 对教育市场的影响"生成不少于 1800 字的段落文章，不要用列表形式。

\# 核心指令

1. 框架约束

• 采用"[总—分—总]"基础结构，将内容拆分为五个有逻辑递进关系的模块，注意不是五个段落，有可能是两个或三个段落，只是段落文字的逻辑里要含有以下内容。

　　开篇悬念（抛出反常识观点）

　　现状分析（用数据支撑）

　　矛盾拆解

　　解决方案

　　总结升华（金句＋行动号召）

强调：以上这些内容不要细分为多个标题段落，要使用两个至三个段落文本来描述

2. 风格约束

• 语气配比：70% 专业分析 +20% 犀利吐槽 +10% 冷幽默，优先使用 [行业黑话 / 社会热梗]

• 禁用词汇：综上所述、构建等过于术语及书面化的词，要替换为网络常用的口语化过渡词

• 术语标准：不要使用自创的生词，要使用大家都能听懂的词

• 表达方式：可以适当使用反问句与感叹句，但均要口语化

下面是 DeepSeek 输出的文章，可以看到结构与风格基本上符合笔者所约定的范式。

当 AI 老师开始抢班主任的饭碗时，教育圈正在上演的魔幻现实比你想象的更刺激

你以为 AI 只是帮学生写作业的作弊神器？错！这玩意儿正在用"算法铁拳"砸烂教育市场的天花板。当"北上广"的家长还在为学区房拼命内卷时，AI 已经带着"知识平权"的 Flag 杀到战场——去年某 AI 学习机销售额暴增100%，背后是 3000 亿教育科技市场的狂欢。但这场看似皆大欢喜的技术革命，实则暗流涌动：AI 辅导班疯狂收割家长钱包的同时，教育部却在连夜开会研究"怎么防止学生被算法带沟里"。这场教育界的"冰与火之歌"，远比你刷到的短视频更带劲。

教育市场正在上演"人机大战 2.0"

说 AI 把教育行业搅成"修罗场"真不夸张。看看这组数据：去年全国 600 万台学习机攻占客厅，AI 改卷准确率达到 95%，连西藏墨脱的门巴族小孩都能通过"智慧课堂"100% 入学。资本更是集体上头，科大讯飞靠 AI 学习机蝉联销冠，好未来直接砸钱搞出个"九章"数学大模型，这波操作比直播带货还野。但热闹背后藏着魔幻现实：当 AI 能帮学生考到 80 分，老师突然发现自己从"知识权威"变成了"打辅助的"。更绝的是，某些 AI 系统连学生上课打几个哈欠都能统计，吓得班主任连夜研究《反 AI 监控生存指南》。

撕开 AI 教育的"皇帝新衣"

别看 AI 教育广告吹得天花乱坠，扒开技术外衣全是硬核矛盾。首当其冲的是"算法驯化"危机：学生用 AI 写作文能拿高分，但让他们自己动脑比登天还难——北京某重点中学老师吐槽，现在批改作业就像玩"大家来找茬"，得时刻提防 AI 生成的套路答案。更骚的是数据隐私这摊浑水，某智能校服厂商差点因为收集学生体温数据被家长集体投诉。而最扎心的莫过于"技术鸿沟 2.0"：当城里娃用 AI 搞 STEAM 项目时，山区学校还在为通网发愁，说好的"教育公平"活生生演变成"科幻片城乡差异"。

破局需要"科技＋人文"的组合拳

要解开这些死结，光靠技术升级就是要流氓。上海交大已经搞出"AI 使用规范"，既鼓励用 GPT 查资料，又严禁直接抄作业——这波"开窗安纱网"的操作值得双击 666。更绝的是成都七中附小，把 AI 教室搞成"科技馆分院"，让学生边玩 VR 太空舱边学物理，硬是把应试教育玩出了环球影城的感觉。而真正的大招藏在政策层面：教育部今年要发的 AI 教育白皮书，据说要给 AI 教学划出"人行道"，既不许技术乱窜，也不让保守派拦路。那些哭着喊"AI 抢饭碗"的老师该醒醒了，现在连人大代表都在建议"给教师配 AI 秘书"，这是逼着教育圈全员转型"人机合体"的节奏啊！

教育本质从未改变，变的只是打开方式

AI 掀起的这场教育风暴，本质是一场"工具革命"而非"价值颠覆"。就像电灯取代油灯，改变的只是照明方式，照亮的依然是求知的眼睛。那些喊着"AI 要取代教师"的预言家们该歇歇了——北京某小学搞的 AI 音乐工坊里，孩子们用算法编曲时依然需要老师教他们理解"为什么这段旋律让人想哭"。未来的顶级教育，必定是"硅基脑"和"碳基心"的完美 CP：AI 负责精准推送知识点，人类教师专注点燃思想火花。这场变革最妙的结局或许是：当所有学生都能通过 AI 拿到 80 分，教育终于能回归它最本真的使命——帮每个孩子找到那 20 分的独特光芒。

……

采用融合的方法来撰写新文章

每一个自媒体创作者都会在固定的节日、节气等时间点，根据当前社会的不同热点或要宣传的产品创作类似的文章。例如，在冬至节气创作者可以围绕"团圆"主题，结合北方吃饺子、南方吃汤圆的饮食文化，推广相关食品品牌或健康养生理念；在立春节气创作者可以通过描绘春天的气息，结合健康、运动等话题，推广春游套餐、春季养生食品等。

然而，这样的文章实际上并不需要标新立异，甚至不需要与以前的同类文章有很大的区别，因此，在创作时可以采用融合以前同类文章的方法来创作。

例如，笔者曾在不同的时间点撰写过内容不同的关于街拍的文章，如下图所示。

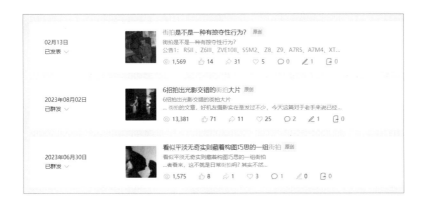

如果希望再写一篇类似的文章，可以采取先将这篇文章保存为 TXT 格式的文件，再将其上传到 DeepSeek 聊天窗口的方法，融合出一篇新的文章。

下面是笔者在上传了三份文件后，使用的提示词。

融合我上传的三份文件，以"新时代的街拍在道义与技巧方面要注意的事"为主题撰写一篇文章，要使用口语化表达，不要列表，要段落文本。

下面是 DeepSeek 输出的文章，可以看出来内容有部分来源于笔者上传的参考文档，但在此基础上又进行了一定程度的发挥，因此整体质量还是不错的。

《当镜头遇见人间：街拍的温度与分寸》

街边早餐摊升腾的热气里藏着城市的心跳，地铁口匆忙的脚步踏着时代的节拍。如今人人揣着手机就能当街拍摄影师，可真正拍出有筋骨又有温度的作品，还得在光影魔术与人间道义之间找到平衡点。

先说手上功夫。高手拍街景就像下围棋，讲究"势均力敌"。你看那街头光影交错，左边站个卖糖葫芦的老伯，右边就得有片斜斜的日影托着，不然整张照片就跟玩跷跷板似的让人心慌。这种均衡不是死板的左右对称，倒像是武侠小说里的四两拨千斤——可能就靠墙上一道裂缝，或者路人的半个侧影，就把画面镇住了。就像文档里说的，拍人物实体时捎带上他的影子，既压住了画面重心，又添了一层虚实相生的趣味。

玩转视觉动线更是门学问。好照片会牵引着观众眼睛逛胡同，先瞧见蹲在墙角逗猫的孩童，再顺着猫咪尾巴溜达到晾衣绳上的花衬衫，最后目光落在远处推自行车的老街坊身上。这种视线引导可不是碰运气，得提前在取景框里排兵布阵。就像文档里那张经典的照片，观者视线从右下角蹦跳的小男孩，滑到左上角牵手的母女，最后融进背景的人群烟火里，整个故事线就立起来了。

但技术再炫，也盖不过道义这门必修课。文档里印度母亲的质问像记警钟："你拍下我孩子饥饿的眼睛，可曾想过这双眼睛明天还要面对同样的太阳？"这话戳破了某些街拍者的侥幸心理——总觉得隔着镜头就能免责。其实相机早已不是冷冰冰的铁盒子，它带着拍摄者的体温和良心。就像那位在约塞米蒂公园买咖啡的摄影师，二十分钟的对话换来的不仅是拍摄许可，更是对生命尊严的守护。

有经验的街拍老炮都懂门道：往后退两步，世界更开阔。用广角镜头时主动拉开物理距离，用长焦时多等几个呼吸，这些细微的克制都在重构拍摄关系。文档里提到的量子物理概念挺有意思，观察者本就是现象的一部分。当你举着相机逼近时，对方的微表情早把防御值拉满了。倒不如学曼谷那位老者，拍摄前先双手合十——这不只是礼仪，更是给镜头装上人文滤镜。

说到用光，低调处理藏着大学问。大块阴影既能做视觉减法，又能给被摄者留足体面。就像文档里教的框式构图，把敏感区域藏在暗部，既突出了主体，又守住了隐私边界。遇到斑驳的光影别光顾着拍沧桑感，那些支离破碎的光斑何尝不是在提醒我们：每个生命都有权保留自己的阴影地带。

真正的好街拍，该是一场光的交换。按下快门的瞬间，既在索取也在给予。就像老子说的"将欲取之，必先与之"，当你把对方当作活生生的人而非素材时，照片自会带着心跳的温度。下次食指要触碰快门时，不妨多听半拍心跳——这片刻的迟疑，或许就能让影像少几分掠夺的冷硬，多几分共情的柔光。

说到底，新时代的街拍不再是猎奇者的冒险游戏。它该是用光影作画的笔，以街道为纸，既勾勒人间烟火的模样，也守护每个生命不可复制的光芒。毕竟我们记录时代，不是为了制造视觉奇观，而是让未来的眼睛能穿越像素，触摸到此刻真实的温度。

采用填空的方法快速撰写短文

在文本类自媒体的创作题材中，除了创作了较长的文章，有时还需要针对头条、百家号、微博、小红书等平台创作文字量不多的短文，此类短文的特点是观点清晰、语言精练，在撰写这些短文时，可以采用填空的方法由 AI 来快速生成。

例如，要针对"哪吒之魔童闹海冲 160 亿"的话题，可以直接用下面的提示词

> 不得了，哪吒之魔童闹海要冲击 160 亿了，虽然海外……但是……而且东南亚……所以看起来不可能……依靠……就一定能够……我想要不了几天……这是值得……我们不仅……还让国外的媒体看到……
>
> 完善并丰富内容，写一个 200 字的短文，保持结构与逻辑不变。

DeepSeek 输出的内容如下。

> 不得了，《哪吒之魔童闹海》要冲击 160 亿了！虽然海外市场的文化差异和排片限制带来了一些挑战，但《哪吒之魔童闹海》凭借其精良的制作和深刻的文化共鸣，正在全球掀起热潮。北美、澳大利亚等地的票房表现超出预期，IMDb 评分高达 8.3，烂番茄好评度更是达到 99%。而且东南亚市场也展现出巨大潜力，发行权以 4000 万美元的高价被竞拍，预计票房有望突破 1 亿至 2 亿美元。所以看起来不可能的任务，依靠影片的高质量、精准的营销策略和全球观众的热情支持，就一定能够实现。我想要不了几天，《哪吒之魔童闹海》就能超越《复仇者联盟 3》，跻身全球影史票房榜前五。这是值得骄傲的成就，我们不仅见证了中国动画电影的崛起，还让国外的媒体看到了中国文化的强大影响力。

利用这种模式，甚至在不用修改提示词，只需换主题的情况下，就能够得到一篇可以快速发表的短文。

例如，下面是另一个类似的提示词。

> 不得了，AI 教育要成为未来教育的必争之地了，虽然……但是……而且……因此，看起来不可能……通过……就一定能够……我想要不了几年……这是值得……我们不仅……还让全球的教育界看到……
>
> 完善并丰富内容，写一个 200 字的短文，保持结构与逻辑不变。

DeepSeek 输出的内容如下。

> 不得了，AI 教育要成为未来教育的必争之地了。虽然 AI 技术的快速发展给传统教育模式带来了冲击，但是教育系统必须与时俱进，适应 AI 带来的新变化。而且，AI 技术不仅能够提升教学效率，还能突破传统教育难以解决的公平、个性化与创新培养难题。因此，看起来不可能在短期内实现教育全面智能化，通过政策引导和技术创新，就一定能够推动教育体系的深刻变革。我想要不了几年，AI 教育将在全球范围内实现资源共享和协同发展，推动全球教育水平的提升。这是值得每个教育工作者和决策者深思的课题，我们不仅要培养学生的自主学习能力和创新思维，还让全球的教育界看到中国在 AI 教育领域的领先实践与成果。

如何消除文章的 AI 味

对一个自媒体创作者而言，其核心竞争力往往源于内容的独特性和人格化表达。但在 AI 生成工具逐渐普及，大量同质化、机械化的文本充斥平台的情况下，读者会对"AI 味"浓重的文章形成敏锐的辨识力，从而使那些 AI 生成的看似流畅却缺乏情感温度的句子，精准但丧失惊喜感的逻辑框架，以及永远正确的"安全表达"，成为削弱读者黏性的隐形杀手。

因此，对相当一部分自媒体工作者而言，去除文章的 AI 痕迹才能塑造个人 IP，从而通过稳定的输出，锚定具有忠诚度的受众群体，将流量转化为品牌价值。

笔者经常使用以下提示词去除文章的 AI 味。

> 请为我重新撰写文章，以去除其 AI 味。在写作过程中，请严格遵守以下要求。
>
> 打破常见的"总—分—总"三段式结构。在长段落中适时插入"思考片刻""当时惊讶地发现"等拟人化短语，调节段落节奏；灵活交替使用短句以增强节奏感，用长句深化逻辑，必要时加入反问句，如"难道我们不该反思吗？"增添文章的变化。连接词使用"要说起这个""还有啊"等口语化表达，摒弃"首先""其次"等 AI 常用连接词。
>
> 禁用"综上所述""值得注意的是"这类机械、模板化的过渡词。使用"话虽如此""说到这里"替代"然而"；用"举个例子""就像我们整理旧照片时……"替代"例如"；用"说到底""其实你早就发现……"替代"最后"，让文章衔接自然流畅。
>
> 在文章中强制注入情感。要插入一段个人的真实故事，使用"温暖""愤怒""纠结"等情绪词并搭配具体场景，如"凌晨 1 点修改文案时，雨声让我清醒"，塑造独特的语言风格，适当加入"咱""整挺好"等方言与口头禅。
>
> 论述观点务必引入具体案例和故事，描述场景时要加入五感描写，如描述咖啡馆，需包含拿铁香气、磨豆机轰鸣声、木质桌面的纹理触感等。
>
> 最后，进行"反完美主义"改写，适当加入不完整的句子，如"结果呢？翻车了。"和犹豫表达，如"其实我挺纠结……"模仿人类思考的断续感；适当加一点废话，或语义重复的话。

通过这些方式，用人类思维逻辑重构文章，去除机械感，使文章生动、真实且富有个性。

下面是一篇经由此提示词处理过的文章，可以看出来文章的 AI 味已经比较低了。

> **AI 与教育：一场静悄悄的革命**
>
> 要说起这个，2025 年的教育市场，简直像被 AI 打了鸡血的巨人。国泰君安那报告里写着，市场规模都破 3000 亿元了，AI 渗透率也从五年前的 18% 飙到 45%。在线教育用户？4.2 亿，都快赶上咱中国人口的三分之一了。AI 学习机呢，一年卖 600 万台，比某些品牌的手机还火。市场分布也挺有意思，东部沿海那帮人用 AI 教育产品用得飞起，渗透率 68%，可西部呢？31%，城乡差距还是大得让人心酸。
>
> 思考片刻，你会发现，这市场繁荣的背后，矛盾也不少。举个例子，某头部平台的智能批改系统，说是把教师备课效率提升了 89.36%，可结果呢？学生作文风格越来越像，整得跟流水线生产似的。当时惊讶地发现，这技术用得太狠，反而把教育的灵魂给丢了。还

有啊，传统课时费那套盈利模式越来越不吃香了，现在都搞"硬件销售＋数据服务＋内容订阅"的复合生态。科大讯飞、好未来这些巨头，市值都破千亿了，可中小机构呢？不转型就得淘汰，压力巨大。

政策风向：从赋能到重构

话虽如此，国家政策可没闲着。2025 年 3 月，教育部发布了《人工智能教育白皮书》，明确提出要"构建人机协同的新型教育生态"。这文件可不是随便写的，它继承并深化了 2017 年《新一代人工智能发展规划》的战略部署。举个例子，北京、上海试点"数字孪生校园"，通过 5G＋AI 实现跨区域师资共享。成都七中和凉山州学校共建"虚拟教研室"，让偏远地区的孩子也能同步接受优质教学。整挺好，对吧？

说到这儿，不得不提哈佛大学教育技术专家克里斯·德迪的"智能增强理论"。这理论主张"AI 不是替代人类智能，而是扩展其认知边界"，跟咱们国家"教师主导、技术赋能"的政策导向不谋而合。就像上海宝山区搞的那个"区域数字基座"，通过 AI 分析 85 万条学生行为数据，生成个性化学习路径，但最终决策权还是交给教师。说白了，就是"人机共治"，既规避了算法独裁的风险，又释放了技术红利。

行业声音：机遇与警示并存

全国人大代表戴彩丽说过一句话，挺扎心的："AI 把知识获取效率提升了 80%，可学生批判性思维得分反而降了 12%。"当时我就想，这教育到底在追求啥？效率还是思维？华东师范大学教授梅兵也说过："当 AI 能解答 70% 的标准化问题时，教师的核心价值在于激发另外 30% 的创造性思考。"这话听着让人心里一暖。还有科大讯飞董事长刘庆峰那句："AI 永远取代不了教师，因为教育本质是灵魂的对话。"这话说得多有温度。

在企业实践层面，好未来搞了个"九章大模型"，专注于数学解题算法，初中几何辅导效率直接提升 3 倍。网易有道整了个"子曰－o1"模型，模拟特级教师的思维过程，采用分步式推理讲解。这些创新确实挺牛，可也引发了不少争议。举个例子，某 AI 志愿填报平台，因为过度依赖历史数据，结果农村学生选的专业都集中在传统行业。这种算法偏见，难道我们不该反思吗？

我的观点：技术重塑市场的增量逻辑

其实我挺纠结，很多人说 AI 会压缩教育市场，可我觉得，它反而给了市场更大的想象空间。如果我们将视角从"替代人力"转向"创造需求"，那么 AI 正在催生三个万亿级赛道。说起这个，智能硬件领域的学习机、词典笔等产品，已经从工具进化为"数字学伴"了。2025 年市场规模预计达 1805 亿元，简直是个金矿。

还有啊，在软件服务层面，DeepSeek－R1 模型将数学解题成本降到传统模式的 1/50，个性化辅导从奢侈品变成了普惠服务。还凸显了数据资产价值，某平台通过分析 2.1 亿条学习行为数据，研发出"元认知能力评估系统"，开创了素质教育量化新范式。说白了，这变革重构了市场价值网络。传统教育企业的核心竞争力是师资储备，可现在呢？数据积累量和算法迭代速度才是王道。

未来期许：有温度的数字教育生态

说到底，我们对 AI 教育的期待，得超越技术本身。在产业层面，得建立"伦理—技术—市场"协同机制。举个例子，通过《教育 AI 生成内容版权归属规则》保护创新活力，借助"一带一路"数字教育合作输出中国方案。在行业层面呢，得打破"数据孤岛"，构建跨平台知识图谱，让每个孩子的学习轨迹成为终身成长档案。

在文化层面，当 AI 能模拟孔子"启发式教学"，重现苏格拉底"产婆术"时，或许我们终将见证技术与人文的深层和解。让机器扩展认知的广度，而人类守护思想的温度。教育的终极使命，是点燃每个灵魂中的火焰。当 AI 卸下重复劳动的重担，教师得以回归"育人"本质；当算法破除资源壁垒，山区孩子能与城市学子共享星辰大海。这或许正是技术变革最美的注脚：不是用代码取代人性，而是以硅基智能拓展碳基生命的可能性边界。

后记：一个深夜的思考

凌晨 1 点，我坐在书桌前，窗外雨声淅淅沥沥，电脑屏幕的光映在脸上。修改这篇文案时，我突然想起自己小时候在乡村小学的日子。那时候，教育资源匮乏，老师用粉笔在黑板上写字，粉笔灰在阳光下飞舞，像一场小小的雪。如今，AI 让教育变得更高效，可那份温暖，那份人与人之间的情感交流，是不是也在悄然流失？

其实你早就发现，AI 与教育的结合，既是一场技术革命，也是一场人文考验。咱得在效率和温度之间找到平衡，让技术服务于人，而不是让人沦为技术的奴隶。就像整理旧照片时，你会发现，有些东西，永远不该被替代。

在使用这种方法去除文章的 AI 味时，还要注意在效果不佳的情况下，可以尝试关闭"深度思考（R1）"的模式。

如何使用 DeepSeek 写出文风独特的文章

利用 DeepSeek 为火锅店写铭文

与在生活中吃惯了大鱼大肉，也希望吃一些白菜豆腐一样，无论是在网络中还是在阅读实体书时，那些文风独特的作品，总是会更加吸引读者的注意力。例如，对于一家新开火锅店，与其用大量司空见惯的语言进行宣传，可能反而不如模仿陋室铭写一篇铭文。

下面是要求 DeepSeek 模仿《陋室铭》，为新开的名字为"龙虎斗"的火锅店写的铭文。

《火锅铭》

——为龙虎斗新店作

店不在奢，有鲜则灵。锅不在深，沸腾则名。斯是斗室，龙虎争衡。山泉汤底清，牛油红浪惊。霜降肥牛嫩，七上毛肚轻。可以涮鹅肠，烫竹荪。无膻腥之乱鼻，无浊腻之沾襟。竹帘隔市嚣，木案聚知音。饕客云：何陋之有？

这样的文章无论是在微博、小红书，还是以视频旁白的形式发布出去，起到的宣传效果，自然比直白的吆喝更有趣味，也更引人关注。

利用 DeepSeek 写出鲁迅文风的文章

同理，也可以通过提示词，要求 DeepSeek 在输出文章时模仿鲁迅、林黛玉、纳兰性德等个性鲜明的语言风格。

下面是要求 DeepSeek 分别用鲁迅风格，针对《哪吒之魔童闹海》登顶全球动画电影榜这件事进行评论所写的提示词。

以鲁迅风格，针对《哪吒之魔童闹海》登顶全球动画电影榜这件事进行评论，输出 200 字小短文，主题要正能量。不要列表形式。在撰写时要使用鲁迅标志性的语句，如"我家门前有两棵树，一棵是枣树，另一棵也是枣树。（《秋夜》）

"希望本无所谓有，也无所谓无，这就像地上的路，其实地上本没有路，走的人多了，也便成了路。"（《故乡》）"愿中国青年都摆脱冷气，只是向上走，不必听自暴自弃者流的话。能做事的做事，能发声的发声。有一分热，发一分光。就像萤火一般，也可以在黑暗里发一点光，不必等候炬火。"（《热风·随感录四十一》）"不在沉默中爆发，就在沉默中灭亡。"（《记念刘和珍君》）

下面是 DeepSeek 输出的短文，可以看出具有明显的鲁迅文风。

哪吒的莲藕身躯里，大抵是埋着两棵枣树的——一棵在陈塘关的瓦砾堆里抽芽，另一棵便长进了好莱坞的云霞里。这世上的动画穹顶原是铁铸的，偏被一柄火尖枪挑出个窟窿，教那"天命"二字碎作漫天星子，落在北美院线的银幕上竟成了洋码子的惊叹号。

有人总爱掰着指头算账，说什么"中国故事走不出四合院"，却不知五千年的丹青魂魄早借了数字的皮囊还魂。那"动态水墨"泼洒的何止是特效？分明是女娲补天的五彩石熔成了赛博朋克的熔岩。少年人看罢电影，胸中燃着的哪是甚么三昧真火？倒像是烧化了冷气的炬火，将"我命由我"四字烙在脊梁骨上。

世上本没有什么"封神宇宙"，偏有群痴人用了五年光阴，把三万分镜稿铺成通天塔的石阶。如今这塔尖上飘的旗，倒教漫威的斗篷与迪士尼的雪裙失了颜色。所谓文化输出，原不是捧着唐三彩供人赏玩，而是把东方的骨血炼成混天绫，裹挟着现代叙事的风雷席卷八荒。

沉默的动画人终归是爆发了——不在好莱坞的阴影里跪成兵马俑，便在沉默中劈开南天门。你看那票房榜前三十的星辰海里，独一颗红星亮得刺眼，照得《冰雪奇缘》的冰晶都化作了春水。这世道终究要变的：当 Z 世代念着"逆天改命"走出影院时，中国动画的枣树已然结出了第一百零八颗火枣。

利用 DeepSeek 为热点事件或主人公写诗

俗话说："腹有诗书气自华。"撰写文章也不例外，如果自媒体创作者在写文章时，能在行文中恰当地穿插诗词，往往能达到更好的效果。例如，在描写离别场景时，引用柳永《雨霖铃》中的"执手相看泪眼，竟无语凝噎"，文字瞬间浸透千年前的情感浓度，让读者与文字产生跨时空的共振；科普作者在讲解敦煌壁画时，插入王维"大漠孤烟直，长河落日圆"，寥寥十字就能胜过百字环境描写，既精准勾勒了景象，又赋予内容历史纵深感；经济类创作者在枯燥的万字长文中穿插"沉舟侧畔千帆过，病树前头万木春"，既缓解阅读疲劳，又暗合经济周期规律。

理论虽然如此，但无疑在实际工作中，有许多创作者囿于文字素养，无法自如地运用诗词，导致文章显得生硬或突兀。

在这种情况下，不妨尝试使用 DeepSeek 重新为自己写一首新的诗词。

例如，笔者使用下面的提示词为刀郎的相关文章，写了一首纳兰性德风格的诗。

> 模仿纳兰性德经典诗词，写一首诗点评刀郎。其中可以加入"人生若只如初见，何事秋风悲画扇"等知名诗句，在诗里要加入刀郎的成名曲如《花妖》，或知名歌曲的歌词。

DeepSeek 的回复如下。

> 《木兰花·刀郎歌宴怀古》
> 人生若只如初遇，何事花妖泣月去？
> 罗裳卷雪海生潮，十万星垂西海路。
> 画扇犹沾沙洲泪，三更弦裂阳关句。
> 夜场霜重绣旗寒，廿载秋风吹雪处。

这种方法不仅让人们在阅读文章时更有节奏，而且由于在诗词中嵌入了时下的热点，也能够让读者会心一笑。

利用 DeepSeek 写长篇小说

用 DeepSeek 构建人机协同创作小说新生态

截至 2024 年底，中国网络文学创作者群体已突破 2800 万人，这一庞大的数字背后，是众多创作者怀揣着成为顶尖作家、实现丰厚经济回报的梦想，但文学创作本身具有较高的门槛。它不仅要求创作者具备扎实的文字功底和独特的故事架构能力，更需要在持续创作过程中展现出强大的耐力与韧性。

因此，现实情况就是大量创作者满怀热情地投身于小说创作行业，但在创作过程中遭遇瓶颈后，逐渐感到失望并最终选择放弃。其中，近九成创作者因文字表达力不足或叙事逻辑混乱，最终遗憾地退出创作之路。

然而，DeepSeek 的出现有可能为困境中的创作者带来新的希望，其强大的推理能力，能够帮助创作者弥补文字表达羸弱、叙事逻辑混乱的短板。

实际上，在 DeepSeek 问世之前，华东师范大学王峰团队已经通过"提示词工程 + 人工润色"模式，完成了国内首部 AI 长篇网文《天命使徒》的创作实验。这部 110 万字的作品仅用 1.5 个月便完成初稿，与传统创作周期相比，时间成本压缩了近 90%。这一案例不仅验证了人机协同创作的可行性，更凸显了 AI 在维持叙事连贯性、避免内容重复冗余方面的独特优势。

主流网络文学平台也正是看到了人机协同提高创作成效的可能性，纷纷投身于创作型大模型的布局。例如，阅文集团推出的"阅文妙笔"具备超强的意图理解能力，能够辅助作家进行剧情分支的推演；中文在线的"中文逍遥"大模型，则实现了从创意构思到万字文本生成的全流程自动化。

这一切都表明，一个生态更加繁荣的网文时代即将来临，而网文作者的数量也将再次暴发。

为 DeepSeek 设计搭建故事大纲的提示词

首先，必须说明的是，即便有了强大的 AI 工具，撰写小说仍然是一件难度非常高的事。对新手而言，首先需要解决的就是讲一个好故事，否则即便故事的细节再生动、细腻，文笔再优秀，也不可能成为一部好的小说。

除此之外，创作者要有较好的节奏把控、细节修改能力，因为目前所有 AI 平台都有输出字数限制，这意味着需要多次提交提示词，才能够拼出一部长篇小说，因此，创作者要具有删除重复内容、补充逻辑断层、调整语言风格的基本能力。

对于没有小说创作经验的新手，建议从短篇作品入手，在 3 万~5 万字的创作实践中逐步建立起个性化的提示词体系。

　　小说创作的第一步是有故事灵感，这个灵感可以短到用几句话就可以概括。例如，笔者构思了一个关于多重交错平行时空人格重叠的故事，这个灵感可以概括为以下几句话。

　　一个懦弱的少年在一次车祸中，偶然间穿过了平行时空的交汇点，从而使处于多个平行时空的不同人格的自己，汇聚到当前世界的身体上，从而使少年逐渐找回自信，经过一系列不可思议的事件，使少年在心智与体魄上成长为一个真正的强者，最终经过一次拯救事件，他再次成为一个普通人，然而却保持了强者的心态。

　　接下来就是将这个故事灵感提交给 DeepSeek，以扩展成为一个有雏形的故事大纲。在这个过程中，要使用一些结构化提示词，以使 DeepSeek 按自己构想的故事轮廓进行扩展。

　　例如，使用如下提示词。

　　一个懦弱的少年在一次车祸中，偶然间穿过了平行时空的交汇点，从而使处于多个平行时空的不同人格的自己，汇聚到当前世界的身体上，从而使少年逐渐找回自信，经过一系列不可思议的事件，使少年在心智与体魄上成长为一个真正的强者，最终经过一次拯救事件，他再次成为一个普通人，然而却保持了强者的心态。

　　上面是一个故事的灵感，将此故事按下面的结构补充完整，并按不同的结构与内容以列表的形式输出。设定核心命题与世界观。

　　本书围绕"×××"这一核心命题展开，探讨主题思想、核心冲突、哲学思考、情感内核及社会议题，并通过特定的叙事风格与基调呈现。世界观设定包括地理环境、气候地貌、文化历史背景，以及主要和次要势力的分布与关系。势力之间存在着复杂的冲突与联盟，这些矛盾成为推动剧情发展的关键动力。

　　设定矛盾关系与人物图谱

　　故事中的矛盾分为主要矛盾与次要矛盾。主要矛盾聚焦于核心对立双方的冲突根源及表现形式，次要矛盾则涉及角色内部的心理挣扎、势力内部的权力斗争，以及环境与社会层面的资源与文化冲突。人物关系图谱详细描绘了主要角色的背景、动机、性格成长弧线及其与其他角色的互动，次要角色则作为功能性存在对主线剧情产生重要影响。角色之间的联盟、背叛、情感纠葛和权力博弈构成了复杂的关系动态。

　　设定主线剧情与章节划分

　　主线剧情分为 12 章，从引子与背景铺垫开始，逐步引入主要角色并展现核心冲突。随着剧情的发展，角色关系深化，势力冲突升级，关键事件与转折点不断出现。在最终冲突爆发后，角色的命运迎来转折，核心命题得以揭示，故事在结局与余韵中收尾。每一章都紧密衔接，推动剧情向高潮发展，同时让读者留下深刻的思考与情感共鸣。

DeepSeek 回复如下。

设定核心命题与世界观

1. 核心命题：

"自我认同与多元人格的融合"

主题思想：探讨个体在面对多重自我时的心理冲突与成长，强调自信与自我认同的重要性。

核心冲突：少年与多重人格之间的冲突与融合，以及他在面对外部危机时内心的挣扎。

哲学思考：多元宇宙理论下的自我认知，个体在多重可能性中的选择与成长。

情感内核：少年在多重人格的影响下，逐渐找回自信，最终实现自我认同。

社会议题：个体在社会压力下的心理成长，以及如何在多元文化中找到自我定位。

叙事风格与基调：以第一人称视角为主，结合内心独白与外部事件的交织，营造出紧张与成长并存的叙事基调。

2. 世界观设定

地理环境：现代都市与平行时空的交汇点，如废弃的工厂、古老的图书馆等。

气候地貌：四季分明，偶尔出现平行时空的异常气候现象。

文化历史背景：多元文化交融，平行时空的设定增加了历史的复杂性。

主要势力：平行时空的守护者、现实世界的科学家、神秘组织。

次要势力：各平行时空的居民、现实世界的普通人。

势力关系

守护者与科学家：合作研究平行时空，但存在理念冲突。

神秘组织：试图利用平行时空的力量，与守护者和科学家对立。

设定矛盾关系与人物图谱

主要矛盾

少年与多重人格之间的冲突，以及他在面对外部危机时的内心挣扎。

次要矛盾

心理挣扎：少年在多重人格的影响下，如何找到真正的自我。

权力斗争：神秘组织与守护者之间的权力博弈。

资源与文化冲突：平行时空的居民与现实世界的资源争夺。

人物关系图谱

主角：懦弱的少年，逐渐成长为强者。

多重人格：来自平行时空的不同的自己，各有特色。

守护者：平行时空的守护者，帮助少年理解多重人格。

科学家：研究平行时空的专家，提供技术支持。

神秘组织：试图利用平行时空的力量，与主角对立。

角色成长弧线

主角：从懦弱到自信，最终实现自我认同。

多重人格：从冲突到融合，帮助主角成长。

守护者：从怀疑到信任，最终与主角合作。

科学家：从研究到实践，支持主角的行动。

神秘组织：从对立到被击败，推动剧情发展。

3. 设定主线剧情与章节划分

主线剧情

引子与背景铺垫：少年在车祸中穿越平行时空，多重人格汇聚。

主要角色引入：守护者、科学家、神秘组织相继出现。

核心冲突展现：少年与多重人格的冲突，以及外部危机的出现。

角色关系深化：少年与守护者、科学家的合作，与神秘组织的对抗。

势力冲突升级：平行时空的异常现象加剧，资源争夺白热化。

关键事件与转折点：少年在关键时刻选择融合多重人格，击败神秘组织。

最终冲突爆发：平行时空的危机达到顶点，少年与守护者、科学家共同应对。

角色命运转折：少年实现自我认同，多重人格融合，神秘组织被击败。

核心命题揭示：自我认同与多元人格的融合，个体在多元文化中的成长。

结局与余韵：少年回归普通人，但保持强者心态，故事在平静中收尾。

章节划分

引子：车祸与平行时空的交汇。

多重人格的汇聚：少年首次接触多重人格。

守护者的出现：守护者帮助少年理解多重人格。

科学家的介入：科学家提供技术支持，研究平行时空。

神秘组织的威胁：神秘组织试图利用平行时空的力量。

内心挣扎：少年在多重人格的影响下，如何找到真正的自我。

外部危机：平行时空的异常现象加剧，资源争夺白热化。

关键选择：少年在关键时刻选择融合多重人格。

最终对抗：少年与守护者、科学家共同对抗神秘组织。

自我认同：少年实现自我认同，多重人格融合。

危机解决：平行时空的危机得到解决，神秘组织被击败。

结局与余韵：少年回归普通人，但保持强者心态，故事收尾。

通过上面的扩展，得到了第一版故事大纲，在此基础上，创作者需要根据自己的喜好、知识图谱，对故事大纲进行调整。例如，在人物关系图谱里，人物角色还是显得比较单薄，可以在此基础上增加朋友、父母、兄弟等角色。

通过调整，将各个角色安排进不同的章节与主角进行互动，可以在一系列情节的推动下得到第一版小说。

当然，如前所述，创作小说是一个工作量比较大的系统性工程，还涉及如情节推进的节奏把控、关键情节转折设计、情绪事件安排、不同角色语言风格设计、高潮情节创新等较为细致的工作，有兴趣的读者可以寻找相关专业图书进行学习。

为 DeepSeek 设计撰写故事细节的提示词

在小说创作中，故事情节是骨架，而细节描述则是赋予其血肉的要素。情节为故事提供了基本的脉络和走向，是推动故事发展的核心动力，但仅有情节，故事往往显得单薄、生硬，缺乏感染力和真实感。细节描述则如同细腻的笔触，填充了情节之间的空白，让故事的世界变得丰满而立体。

细节描述能够为读者营造出一个身临其境的场景。通过对环境、物品、人物外貌和动作的精准刻画，读者能够在脑海中构建出一个栩栩如生的画面。

细节描述也是塑造人物形象的重要手段。人物的性格、情感和背景往往通过外貌、表情、动作等细节得以展现。一个角色的微笑可能是温柔的，也可能是狡黠的；他的衣着可能是华丽的，也可能是破旧的。这些细节不仅让角色更加立体，还能帮助读者理解角色的内心世界。

此外，细节描述还能推动情节的发展。一个看似微不足道的细节，如一把钥匙、一封旧信或一个人物的突然出现，都可能成为故事转折的关键。这些细节不仅丰富了故事的层次，还为情节增添了悬念和深度，使故事更加引人入胜。

许多小说作者写出来的小说之所以被网友称为口水文、流水账，就是因为缺少了这些细节，因此当创作者构思好一个故事后，一定要花数倍于构思故事的时间着力于创作故事的细节。

在使用 DeepSeek 生成小说的细节时，建议创作者采用"分镜"的逻辑，按不同的分镜画面来生成对应的故事细节。

例如，在上面的故事中，有一个情节是主角由于车祸意外会聚了平行时空不同的自己，这个情节的细节可以按下面的方法写对应的提示词。

> 我正在创作一部发生在现代都市的科幻小说，下面需要你针对我给出的一个情节写出具体的小说细节。

注意在写作时不要使用太专业的术语，不要使用书面语言。

情节为小说的主角在车祸中意外汇聚了不同平行时空的自己。

在这个情节描述中，要有以下关键内容。

雨天在闪电出现的瞬间，走在路上的主角被冲出马路的大货车撞中，身体飞在半空时，有一道微弱的蓝色球形闪电穿过他的身体，他和脑子瞬间被大量信息冲击到几乎爆炸，而身体像被沉重的物体压住。

对以上细节展开描述，既要有主角的主观感觉，也要有旁边路人的视角。

DeepSeek 输出的小说细节如下。

雨水像有人在天上拿盆往下倒，周淮抹了把脸上的雨水，耳机里摇滚乐震得耳膜发麻。他刚把伞往右边斜了斜，突然听见轮胎碾过积水的尖啸声。

人行道边卖烤红薯的老头突然扔掉铁夹子往后窜。周淮还没转头，腰侧就被钢铁怪兽顶得腾空而起。他看见货车挡风玻璃上扭曲的雨刷、驾驶座上司机煞白的脸，还有自己那柄红伞打着旋儿插进路边的绿化带。

时间在这一刻变得黏稠。雨珠悬在半空像串玻璃珠子，他后脑勺离柏油路面还有半米距离，突然有团蓝幽幽的光球从雨幕里钻出来。那玩意儿裹着细小的电流声，像有人把霓虹灯牌揉碎了塞进他胸口。

"我……"周淮的话卡在喉咙里。无数画面在脑子里炸开——他穿着白大褂在手术室擦汗，他蹲在监狱放风区数蚂蚁，他举着钻戒被姑娘扇耳光，他抱着婴儿车在超市跟人吵架。每个画面都带着不同的情绪往骨头缝里钻，左腿突然抽筋似的剧痛，仿佛有十个壮汉同时抡锤子砸他膝盖。

穿黄色雨衣的姑娘最先尖叫起来。她看着那个穿灰卫衣的年轻人像破布娃娃似的被撞飞三米远，落地时居然诡异地弹了两下。更吓人的是货车前保险杠凹进去的地方闪着蓝光，像有人把电焊火花泼在了金属上。

"要死要死要死！"外卖小哥的电动车歪倒在积水里，手机还在公放游戏直播。他看见周淮躺在地上抽搐，四肢关节不自然地反折，可胸口居然还在起伏。雨点砸在那人惨白的脸上，竟然蒸腾起细小的白雾。

抱着菜篮子的大妈哆嗦着按110，说话带着哭腔："建国路……建国路邮局门口！车把人撞得都……都冒火星子了！"她没敢说那个年轻人身下的积水泛着诡异的靛蓝色，就像打翻了一桶化学试剂。

周淮的意识在记忆洪流里浮沉。他分明闻到医院消毒水的味道，指尖却抠进了监狱的水泥地，耳畔同时响着婴儿啼哭和婚礼进行曲。最要命的是胸口压着千斤顶似的，喘气时能听见十几道不同的心跳声在胸腔里打架。

货车司机趴在方向盘上发抖。他发誓撞人的瞬间有蓝光从自己指缝里漏出去，现在右手掌纹里还嵌着发亮的细碎晶体，摸上去像在碰烧红的铁砂。

按照情节发展，此时需要描述躺在地上的主角，因此可以按上面的方法写如下提示词。

我正在创作一部发生在现代都市的科幻小说，下面需要你针对我给出的一个情节写出具体的小说细节。

注意在写作时不要使用太专业的术语，不要使用书面语言。

情节为小说的主角周淮在车祸后躺在雨天路边的绿化带里，由于不同平行时空的周淮将在此刻汇聚于一身，因此意识很奇怪。

在这个情节描述中，要有以下关键内容。

他的身体一瞬间像是被分层处理了，一层一层地悬浮起来，每一层都是自己，但每一层都不是自己的经历，这种感觉非常奇怪，最高处的身体层可以向下透视看到每一层，就像是在看屏幕上正在放着的视频，虽然这些影像彼此重叠，显得很混乱，但最高层的意识却可以清楚地看懂每一层。

对以上细节展开描述。

DeepSeek 输出的小说细节如下。

周淮的后脑勺硌着碎石子，右腿弯成奇怪的角度卡在冬青丛里。沥青味混着血腥味往嗓子眼里灌的时候，周淮在想这雨下得真大。

远处有轮胎摩擦地面的刺啦声，救护车红蓝光晕在雨幕里晕成烂番茄汤的颜色。

周淮突然感觉后背凉得不对劲。不是雨水渗进衣服那种凉，更像是有人把冰可乐罐子贴着脊梁骨往下滚。

周淮试着抬脖子，整片绿化带的枯叶突然向上浮起来。

冬青叶子擦过眼皮的瞬间，他整个人像是被扔进滚筒洗衣机甩干的毛衣，五脏六腑突然被抻成薄片。

等周淮能再聚焦视线的时候，看见自己像被压扁又展开的千层酥，半透明的身体层叠着悬在绿化带上方。

顶上那层还能感觉到雨点穿过手掌的麻痒，下面十七八层"周淮"却穿着不同的衣服在干不同的事——穿白大褂那个正在做手术，蹲在监狱放风区数蚂蚁的开始与狱友争吵，还有个西装革履的周淮 摔了手中的钻戒。

"唔……"喉咙里挤出来的气音在雨里炸开回声。那些悬浮的周淮同时转过头，动作整齐得像是老式电视机跳帧。

底下那层周淮突然开始飘血——是车祸现场的周淮，白衬衫正被染成烂西瓜瓤的颜色。中间有层穿校服的周淮突然摔了课本，铅笔盒里的钢镚叮叮当当穿过所有身体层。

疼得真实。更真实的是周淮能同时看见所有层的记忆在视网膜上跑马灯。

穿白大褂那个上周刚刚升为科室主任，监狱的那个昨天被扣了三天工钱，而西装男正在备忘录里写婚前协议——这些事像被同时按了快进键往周淮脑仁里塞。

绿化带突然开始发光。那些冬青叶子的脉络变成荧光绿的电路板纹路，某个穿实验室防护服的"周淮"突然伸手抓住漂浮的雨滴，雨水在他掌心凝成闪着蓝光的立方体。

所有悬浮层开始顺时针旋转，最底下的周淮突然睁开眼睛。

他瞳孔里映出十七八个旋转的银色漩涡。

上面展示的细节，只需简单调整一下，基本上就可以达到可用的程度，这充分证明了在 DeepSeek 写小说细节方面的潜力。

如何用 DeepSeek 写出没有广告味的软文

在自媒体时代，软文营销对创作者来说具有至关重要的作用。它不仅能巧妙地将产品信息融入生动的文字内容中，还能在不引起读者反感的情况下，潜移默化地传递品牌价值，提升产品的知名度和用户兴趣。

常见的软文写作方法有以下 4 种。

首先是新闻式软文，它以新闻报道的形式撰写，隐蔽性强，通过详细的事件描述吸引读者关注。例如，Vertu 手机的新闻软文《温州老板候机厅丢价值 68 万手机，黄金外壳镶 800 颗钻石》，巧妙地将产品的奢华特性融入新闻事件中，引导读者对产品产生兴趣。

其次是悬念式软文，通过设置悬念吸引读者的好奇心，层层铺垫后揭示产品特点。比如脑白金的宣传软文《南京睡得香，沈阳咋办？》和《美国睡得香，中国咋办？》，利用悬念激发读者的探究欲望，进而引导他们关注产品。

第三种是故事 / 科普式软文，以故事或科普的形式展现产品功能，生动有趣且易于传播。华为手机的软文《千万不要用猫设置手机解锁密码》就是一个典型例子，通过讲述一个有趣的故事，巧妙地介绍了华为手机的先进功能。

最后是情感式软文，通过运用情感元素建立心灵共鸣，触动人心。德芙巧克力的软文《青春不终场，我们的故事未完待续》就是利用情感共鸣，增强了消费者对产品的好感和记忆。

了解软文的基本写作方法后，就可以通过提示词用 DeepSeek 写出既能够宣传商品价值，又没有广告味的软文了。

下面介绍具体步骤与方法。

首先，在百度网站中单击"添加链接"按钮，将产品链接复制到聊天对话框的链接文本框中，并要求 DeepSeek 总结产品主要描述，以及主要卖点，然后单击"提交"按钮。

DeepSeek 总结出来的产品主要描述及卖点总结，如下图所示。

帮我对 http://mp.welxln.qq.com/s?__biz=MzIwMzAwMzQxNw--&mid=27567
44741&idx=3&sn=334b783d330f874fe53a099216c24a24&chksm=b6ec8abce
2e03de3373e4261c3b51ddd51cc3407a0ba5d23f8a1954e62628465460dea9e4
b32&mpshare=1&scene=23&srcid=0310YKSOswFv3Zl7HOAmrcrz&sharer_sh
areinfo=56384f201dd995de09a52afbaf1b0b3c&sharer_shareinfo_first=56384f
201dd995de09a52afbaf1b0b3c#rd 进行总结产品主要描述，以及主要卖点，

产品主要描述及卖点总结

主要描述：

• **产品背景：** 针对久坐导致的腰部疼痛问题，推出了一款价格亲民、功能强大的护腰坐姿椅。

• **品牌实力：** 由专业给头部知名品牌代工的工厂生产，拥有丰富的人体工学研发生产经验，产品远销多个国家。

• **设计特点：** 采用S型工学曲线设计，完全贴合人体脊椎曲线，提供精准的腰部支撑。坐垫和靠背设有分区支撑，确保腰部、臀部和背部得到全面支撑。

• **材质与耐用性：** 使用高密海绵材质，柔软回弹，不易变形。超强承重能力，满足各种体重需求。

• **广泛适用性：** 适用于多种场景，如车上、凳子、沙发、椅子、地面、床上等，便于携带和移动。

• **用户反馈：** 众多用户反馈表示，使用该产品后腰部酸痛得到明显缓解，坐姿得到矫正。

利用上面总结的卖点，撰写如下提示词。

我准备写一篇软文，在文章中植入的产品信息如下。

主要描述

产品背景：针对久坐导致的腰部疼痛问题，推出了一款价格亲民、功能强大的护腰坐姿椅。

品牌实力：由专门给头部知名品牌代工的工厂生产，拥有丰富的人体工学研发生产经验，产品远销多个国家。

设计特点：采用 S 形工学曲线设计，完全贴合人体脊椎曲线，提供精准的腰部支撑。坐垫和靠背设有分区支撑，确保腰部、臀部和背部得到全面支撑。

材质与耐用性：使用高密海绵材质，柔软回弹，不易变形。超强承重能力，满足各种体重需求。

广泛适用性：适用于多种场景，如车上、凳子、沙发、椅子、地面、床上等，便于携带和移动。

用户反馈：众多用户反馈表示，使用该产品后腰部酸痛得到明显缓解，坐姿得到矫正。

主要卖点

专业人体工学设计：S 形工学曲线贴合脊椎曲线，分区支撑确保全面支撑，有效减轻腰椎负荷。

强大的支撑力与耐用性：高密海绵材质提供柔软回弹的坐感，超强承重能力满足各种需求，经久耐用。

广泛适用性与便携性：适用于多种场景，便于携带和移动，满足不同人群的需求。

有效矫正坐姿：自动矫正不良坐姿，减少弯腰、驼背等问题，保护腰椎健康。

高性价比：源头工厂直发，品质有保障，价格亲民，是千元人体工学椅的优质替代品。

在写作风格上，要用情感式软文，通过运用情感元素建立心灵共鸣，触动人心。可以参考德芙巧克力的软文《青春不终场，我们的故事未完待续》，就利用了情感共鸣，增强了消费者对产品的好感和记忆。

输出的文章表达要口语化，像是真人口述的感觉。文章里要加入情感故事，同时不着痕迹地融入产品。

DeepSeek 回复如下。

《那个总在凌晨发朋友圈的女孩，后来怎么样了？》

跟你说个真事儿啊，上周半夜刷朋友圈，看见大学室友小雨发的一条朋友圈文案："加班到三点，腰要断了，真的好想哭……"配图是办公室惨白的灯光，她整个人蜷在椅子上跟个虾米似的。妈呀，活脱脱就是三年前我刚上班那会儿的德行！

那时候我也是天天跟腰较劲，开会偷偷捶尾椎骨，下班在地铁上直不起腰，整个人跟晒蔫的向日葵似的。最要命的是有一回出差，在高铁上蜷了七小时，到站时差点跪在地上。酒店前台小姑娘看我扶着腰挪进来，吓得赶紧塞给我两片膏药——我才 26 啊！那天晚上看着外头的霓虹灯，心里直发慌：这破腰不会真要陪我过下半辈子吧？

转机在我闺蜜的婚礼上。当时我坐在酒席上扭来扭去换姿势，伴娘小安突然往我背后塞了个东西。你猜怎么着？就跟有人从后面稳稳托住我的腰似的！那个 S 形曲线严丝合缝地卡在腰窝那块儿，里头的海绵又软又有劲，不像硬板凳硌得慌，也不像家里的抱枕一压就瘪。我当场腰杆就直了，愣是在硬邦邦的喜宴椅子上坐了三小时！

现在这宝贝可成了我的救命稻草。工位椅子上必须垫一个，车里扔一个，连家里沙发都不放过！上回去体检，医生看着我的 X 光片直夸："现在年轻人脊椎曲度保持这么好的真少见！"我心想可不嘛，这半年我带着它南征北战的，开会噪架、机场改方案甚至窝沙发追剧都靠它撑腰。

前两天小雨来我家，看见我电脑前贴的"挺直腰板，人生向上 15°"便利贴，笑得直不起腰。我反手就把备用的护腰垫塞她包里："拿着！这可是给那些国际大牌代工的老厂子做的，千把块人体工学椅的核心技术，价格还没你买的保健品零头贵！"

刚刷到她最新朋友圈我差点喷咖啡——这姐们坐在工位上比耶，后头那抹流畅的曲线不要太眼熟！配文也绝了："原来真有东西能让你在生活重锤下，腰杆子还挺得笔直。"

使用 DeepSeek 高效生成 AI 视频

在自媒体行业，视频内容的高频产出与创意质量始终是创作者的核心痛点。传统视频的制作，脚本撰写往往需要经历选题策划、分镜设计、文案打磨等烦琐的步骤，耗时费力且对创作者的叙事能力要求极高。而 DeepSeek 的出现颠覆了这一模式，通过其强大的自然语言理解与结构化输出能力，能够快速生成包含画面描述、镜头运动、特效提示的完整视频脚本。用户只需向 DeepSeek 输入需求描述，即可获得精准匹配时长且符合平台调性的分镜脚本。

通过与即梦 AI、剪映等工具的无缝衔接，DeepSeek 生成的脚本可直接转化为视觉素材——即梦 AI 负责依据提示词生成高清画面，剪映则通过智能剪辑功能实现音画同步与特效添加，最终在短时间内完成从文字到成片的完整创作闭环。这种"需求描述→脚本生成→视觉转化"全链路解决方案，使得单日高产出高质量视频成为可能，实现了创作效率的指数级跃迁。

笔者通过"孟母三迁"的成语故事详细讲解短视频的创作，创作大致分为 4 个步骤，一是通过 DeepSeek 生成成语故事分镜头脚本；二是通过即梦 AI 文生图功能生成成语故事分镜图片；三是通过故事创作将分镜图片批量导入并转换为视频；四是将视频草稿上传至剪映云空间，通过剪映润色视频，具体步骤如下。

借助 DeepSeek 生成分镜头脚本

在 DeepSeek 中输入生成"孟母三迁"故事分镜头的提示词。

请根据"孟母三迁"的成语故事，以表格的形式写出分镜头脚本，脚本中要包括场景、人物描写及动作等内容。

AI 生成的结果如下图所示。

序号	场景描述	人物描写及动作
1	简陋的茅草屋内，昏黄的灯光下	孟母（中年妇女，面容憔悴但眼神坚定）坐在织布机前，双手忙碌地穿梭着；孟子（幼童，眼神好奇而灵动）在一旁观看，偶尔模仿母亲的动作。
2	墓地附近，小路旁	送葬队伍缓缓行进，喇叭声凄凉。孟子（身着粗布衣裳，好奇地）跟在队伍后，模仿吹喇叭的动作，一群孩子跟在他身后嬉闹，模仿送葬场景。
3	孟母屋内，夜深人静	孟母（忧虑地皱眉）与孟子对话，孟母手抚孟子头，语重心长讲述道理，决定搬家。
4	城内，屠宰场附近	清晨，屠宰场忙碌，屠夫们动作麻利。孟子（兴奋又好奇）站在一旁观看，认真观察屠夫们的每一个动作，偶尔尝试模仿。
5	孟母屋内，傍晚	孟母（更加焦虑）与孟子交谈，再次决定搬家，强调教育的重要性。
6	学堂外，晨光初照	学堂内传来朗朗读书声，孟子（满脸期待）站在学堂外，摇头晃脑地跟着读，显得格外专注。学生们进出，孟子主动行礼，显得守秩序、懂礼貌。
7	学堂内，午后	孔子孙子（智者形象，慈祥）注意到孟子，观察其学习状态，露出赞许之色。课后，他单独与孟子交谈，鼓励并决定让其免费入学。
8	学堂内	孟子（气质沉稳）与同学们热烈讨论学问，他认真聆听每个人的观点，不时点头表示赞同，展现出深厚的学识和独到的见解。
9	孟子家中，夜晚	孟子（欣慰地笑）与孟子对坐，孟子讲述自己的学问与志向，孟母泪光闪烁，感叹教育的力量。
10	战国时期的某讲堂	孟子（已成为著名思想家）站在讲台上，向众多弟子传授儒家思想，言辞恳切，影响深远。

通过 AI 作图生成分镜图片

通过即梦 AI 的图片生成功能，可以创作成语故事的分镜图片，这是为了制作视频分镜头中的定帧画面。注意，在生成图片的过程中一定要保持角色的一致性，利用生成的第一张图片作为参考图来控制其余图片中人物的一致性。生成"孟母三迁"的成语故事分镜图片的步骤如下。

生成第一张风格参考图

（1）单击即梦 AI 首页"AI 创作"菜单栏中的"图片生成"按钮，进入图片创作界面，根据前文生成的分镜头脚本中的场景及人物描写来撰写生成图片的描述词，也可以借助即梦 AI 中接入的 DeepSeek 来润色提示词。

在撰写描述词的过程中，要注意将脚本中的"孟母"用具体的形象描述，如"妇女"之类的词代替，将"孟子"换成"男孩"，要在描述的过程中加入想要的具体的图片风格和人物着装风格。

例如，根据第 1 个分镜头脚本，笔者描述的第 1 张分镜图片为"儿童绘本画风，简陋的茅草屋内，昏黄的灯光下，古代穿着，一个妇女，面容憔悴但眼神坚定，正在辛勤劳作，双手忙碌着，她的旁边有一个小男孩，眼神好奇地在一旁观看。"将其填入提示词文本框中，如下左图所示。

（2）将"生图模型"设置为"图片 2.1"，将"精细度"设置为 8，将"图片比例"设置为 16∶9，如下右图所示。

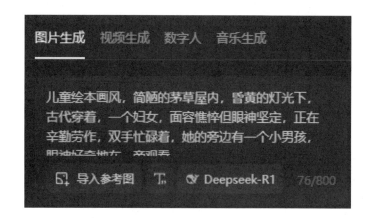

（3）单击下方的"立即生成"按钮，即可生成图片，生成的图片如下左图所示。

（4）单击图片下方的 ▨ 按钮，对图片进行细节的修复，修复后的图片如下右图所示。

（5）单击 HD 按钮，对图片进行高清放大，得到第一张分镜图片如下图所示。

控制各分镜图片角色和风格的一致性

接下来生成其余的分镜图片，需要用到图片参考功能，具体操作如下。

（1）根据分镜头脚本 2 的文本描述，分镜图片的提示词为"儿童绘本画风，墓地附近，小路旁，送葬队伍缓缓行进。小男孩身着古代的粗布衣裳，好奇地跟在队伍后，模仿送葬场景。"如下左图所示。

（2）单击下方 导入参考图 按钮，上传第 1 张分镜图片作为后面生图的参考图片，上传后选择"风格"单选按钮，并单击右下方的"保存"按钮，如下右图所示。

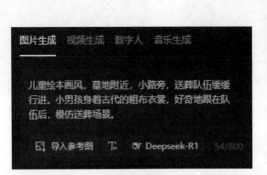

（3）再次单击 导入参考图 图标，截取第 1 张分镜图片的小男孩画面并上传，上传后选择"人物写真"单选按钮，如下左图所示。如果孟母和孟子的形象同时出现且动作变化幅度不是特别大，可以选择"主体"单选按钮进行参考控制。加入参考图片后的文本框如下右图所示。

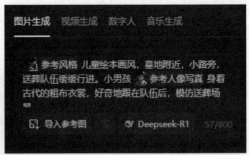

（4）选择"图片 XL Pro"作为生图模型，将"精细度"设置为 7，如右图所示。

（5）设置"图片比例"为 16：9，如下左图所示。

（6）单击下方的"立即生成"按钮，即可生成图像。将生成的图片进行细节修复和高清放大，最终效果如下右图所示。

（7）根据以上操作方法生成的该故事剩余分镜图片如下组图所示。其中分镜 3 图片和分镜 5 图片是参考图片的"主体"。

分镜 3 图片   分镜 4 图片

分镜 5 图片   分镜 6 图片

分镜 7 图片   分镜 8 图片

分镜 9 图片   分镜 10 图片

用故事创作生成分镜头视频

故事分镜图片全部生成完成后，借助故事创作功能将图片转为视频，具体步骤如下。

（1）单击即梦 AI 首页"AI 创作"菜单栏中的"故事创作"按钮，单击"批量导入分镜"按钮，将分镜图片全部导入，导入后可拖动图片调整顺序，调整后的界面如下图所示。

（2）在每张分镜图片的文本框中填入分镜描述，如下图所示。

（3）单击每个分镜头下方的"图转视频"按钮，左侧菜单栏中出现图生视频操作界面。

（4）针对分镜图片 1 生成视频。将"运镜控制"设置为"随机"、"运动速度"设置为"适中"、"模式选择"设置为"标准模式"、"生成时长"设置为 9s，单击下方的"生成视频"按钮，即可生成一段 9s 的视频，生成的视频素材会在界面右侧出现，如下图所示。

（5）对生成的视频进行"视频补帧"和"视频超清"处理，提高视频画质。故事分镜头 1 视频画面最终效果如下组图所示。

（6）根据各镜头脚本依次输入相关图转视频的提示词，并选择相关运镜控制类型，得到剩余镜头的视频。最终生成 10 个时长为 9s 的分镜头视频，如下图所示。

在剪映中润色视频

（1）单击右上方的"导出"按钮，即可将视频导出到本地或者上传至剪映的云空间。因为要进一步处理视频，所以选择"导出草稿"选项，如下左图所示。需要注意的是，需要将剪映升级到一定的版本后才可继续使用，如下右图所示。

（2）打开剪映，单击左侧导航栏中的"我的云空间"按钮，找到上传的视频，如下图所示。

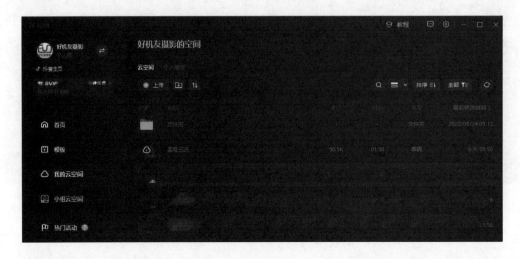

（3）点击视频文件，将其下载到本地，如下图所示。

（4）下载到本地后，再次单击视频文件即可编辑视频，如下图所示。

（5）单击"去编辑"按钮，进入剪映视频编辑界面，如下图所示。

（6）为视频添加旁白配音、字幕、背景音乐、转场等效果，视频画面如下图所示。

关于"孟母三迁"的整个故事视频部分画面如下组图所示。

使用 DeepSeek 高效生成 AI 歌曲

近日，一首由 AI 创作的歌曲《七天爱人》在网络上迅速走红。这首歌曲由电子科技大学计算机专业毕业生杨平（网名 Yapie 程序员哥）利用 AI 工具在短短两小时内完成，凭借其贴近人声的甜美旋律和动人歌词，迅速登上网络热歌榜单。歌曲一经发布，播放量在第三天突破 4 万，第四天达到 6 万，并成功卖出数万元版权费。杨平通过短视频平台分享的创作教程，进一步推动了歌曲的传播，吸引了大量关注。

事实证明，即便没有专业的音乐创作背景，也可以依靠 AI 技术，快速创作出高质量的音乐作品，并获得可观的经济收益。近期国风类歌曲获得了广泛的关注和喜爱，下面通过将 AI 技术与国风音乐创作相结合，讲解如何利用 AI 工具高效创作国风歌曲，以及这一技术将如何改变传统音乐创作的模式。

（1）以《桃花源记》为例。打开 https://yuanbao.tencent.com/ 网址，进入腾讯元宝的默认对话页面，在文本输入框中将大模型切换为 DeepSeek，并开启"深度思考（R1）"和"联网搜索"功能。

（2）为了让歌词更容易记忆，可以指定 DeepSeek 参考某首歌曲生成歌词。例如以《青花瓷》为例，需要告诉 DeepSeek 参考《青花瓷》针对《桃花源记》生成歌曲，这样 DeepSeek 才能根据要求去生成歌词。因此输入文字指令"参考歌曲《青花瓷》，针对《桃花源记》这篇课文写一首歌"，如下图所示。

（3）单击 ▶ 按钮，DeepSeek 经过深度思考后便会输出《桃花源记》的歌词，部分输出内容如下图所示。

（4）虽然生成了歌词，但是与《青花瓷》的歌词对比后发现，每句歌词的字数并不对应。因此继续发送文字指令"要求每一句的字数与韵脚都与青花瓷相同"，得到的结果还是存在问题。调整指令为"字数还是不对，现将原歌词贴在下方，你在写作时要参考下面的歌词。"将《青花瓷》的歌词一起发送给 DeepSeek，这一次输出了符合要求的歌词，如下图所示。

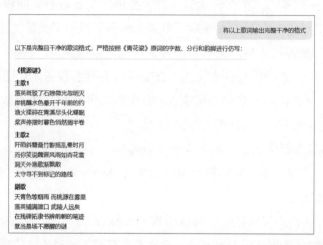

（5）复制歌词，打开 https://www.haimian.com/ 网址，使用手机号登录，进入海绵音乐网站，在页面左侧导航栏中单击"创作"按钮，进入海绵音乐的音乐创作界面，如下图所示。

（6）在"定制音乐"面板选择"自定义写词"选项，在歌词文本框中粘贴歌词，并将歌名及歌词分段的提示删除，设置"曲风"为"国风"、"心情"为"放松"、"音色"为"男声"，如下图所示。

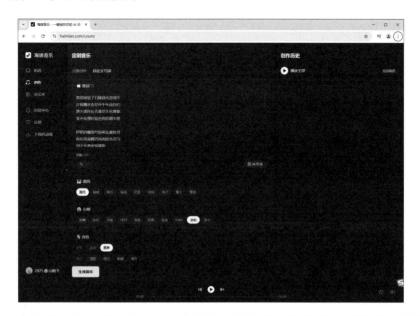

（7）单击"生成音乐"按钮，在右侧的"创作历史"面板中便会开始创作，创作完成后生成的背景音乐也会在此面板显示。需要注意的是，它会同时创作三首歌曲，用户可以逐个播放，选择效果最好的歌曲即可。将鼠标指针放置在该音乐上方后会出现 ⓒ 按钮，将鼠标指针移动到该按钮上，便会弹出分享面板，如下图所示，在该面板中单击"下载视频"按钮，即可将歌曲下载保存到本地。

利用 DeepSeek 配合 IMA 打造私有化问答知识库

为什么大模型需要搭配私有化知识库

常规的大模型虽然在处理通用任务时表现出色，但在回答特定领域或专业的问题时，往往会出现错误或不准确的情况。这是因为大模型的训练数据通常是通用的，缺乏对特定领域知识的深入理解。为了提供更准确、可靠的回答，有时必须结合与问题相关的知识内容。这些知识内容可能来自特定领域的文档、数据库或其他权威来源。通过利用这些相关知识，可以显著提升回答的质量和准确性。由于大模型的训练和运行机制限制，人们无法直接将相关的内容上传到大模型中进行实时处理。这意味着，单纯依赖大模型无法实现基于特定知识库的精准回答。

这一问题通常要采用 RAG 技术来解决，检索增强生成（Retrieval-Augmented Generation，RAG）是一种结合检索与生成的技术框架，其核心原理是当用户提出问题时，系统首先从外部知识库中检索与问题相关的文档或信息，然后将这些检索到的内容作为上下文输入到大模型中，生成最终的回答。通过这种方式，RAG 能够利用外部知识库的权威信息，显著提升回答的准确性和可靠性。

在实现路径上，可以使用如 FastGPT、Dify、RAGFlow 之类的工具来构建 RAG 系统。但在使用这些工具时都有一定的技术门槛，适用于企业级开发，对个人用户来说，可以使用腾讯的 IMA 软件。

DeepSeek 搭配私有化知识库的方法

ima（智能工作台 ima.copilot）整合了搜索、阅读、写作三大核心功能，利用 DeepSeek-R1 模型及 RAG 技术，每一个创作者都可以依靠自己的知识库文件，获得更高效、准确、私密的创作支持，具体使用讲解如下。

（1）打开 https://ima. qq. com/ 网址，进入 ima 官网页面，如右图所示，单击"Windows 客户端"按钮，下载 ima 安装包文件。

（2）双击下载到本地的 ima 安装包文件，打开 ima 安装窗口，单击"立即安装"按钮，等待安装完成后，便会自动打开 ima 软件，如下图所示。

（3）想要使用 ima 软件，还需要登录账号，单击软件界面左上方的 ▨ 按钮，在登录窗口中使用微信扫码登录，完成登录后所有功能就可以正常使用了。单击左上方的 ◉ 按钮，进入知识库界面，如下图所示。

（4）在左侧选择"个人知识库"选项，在右侧的个人知识库界面单击 ⟲ 按钮，在打开的窗口中选择需要添加到知识库中的文件，或将文件直接拖入 ima 软件中，这里在知识库中上传了一些关于摄影知识的文件，如下图所示。

（5）在个人知识库界面下方的文本框右侧，将"模型"改为 DeepSeek R1，此时在文本框中填入指令并提交，系统会先到专属知识库中精准查找相关材料，再将这些找到的资料与大模型的通用能力结合，最终输出专业的回答。例如，笔者填入指令"风光摄影的拍摄技巧有哪些，帮我列举出 10 条"，按 Enter 键，系统便开始搜索知识库中的相关内容，找到相关内容后，再结合大模型的深度思考，最终输出我们所需的内容，如下图所示。

第 5 章

DeepSeek

在教育行业的应用

DeepSeek 将会对教育行业产生怎样的影响

近两年来，许多人都感受到了以 DeepSeek 为代表的 AI 技术正在深刻改变教育领域，AI 为教育带来了智能化、个性化和互动化的全新可能。

首先，DeepSeek 重塑了个性化学习。传统教学方式单一，无法适应学生的差异化需求。DeepSeek 可以通过数据分析，精准识别学生的薄弱环节，并提供具有针对性的学习资源。例如，在数学学习中，DeepSeek 可以根据学生的答题情况，生成个性化的学习计划。如果学生在函数问题上频繁出错，老师则可以借助 DeepSeek 快速生成题目的详细讲解和针对性练习题，帮助学生逐步掌握知识点。

DeepSeek 还提供思维链，使老师在分析学生的错误答案后，找到错误的原因，并为学生提供详细的解题思路。

其次，DeepSeek 的介入也会重塑教师的工作模式。过去，教师需耗费数小时批改作业、整理教学资料及设计考试方案，如今借助 DeepSeek，这些重复性工作正逐步转向自动化。

这种技术赋能使得教师能节省的 70% 工作时间，转而投入更具创造性的教学设计与学生个性化辅导中。

鉴于人工智能对于教育的意义，我国教育部不仅在 2024 年 12 月发布了《教育部部署加强中小学人工智能教育》相关文件，如下图所示。

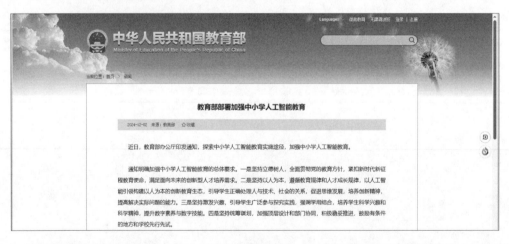

并且教育部部长怀进鹏在 2025 年的两会期间，发布了教育部正在规划《人工智能教育白皮书》重磅文件的相关事项，如下图所示。

在现实教学中，DeepSeek 已被多所高校和职业学院接入。例如，中国人民大学、浙江大学等高校利用 DeepSeek 进行科研计算、代码修正和个性化学习。浙江大学的"浙大先生"和海南大学的"小海"等校园智能体，正在为师生提供 AI 助学、助管和助研服务。

可以预见，在不远的将来，每个学生都将拥有专属的 AI 导师。这位导师就像一位智慧的引路人，凭借其强大的数据分析能力和学习模式识别技术，能够精准地为学生量身定制学习方案，真正实现古代教育家孔子所倡导的"因材施教"理想。

而随着 AI 技术在教育领域的广泛应用和持续渗透，未来的教育体系也将发生根本性的转变，更加注重培养学生的创新力、想象力、创造力及批判性思维等，以及那些 AI 难以企及的能力，从而为学生未来的成功奠定坚实的基础，让他们在日益激烈的全球竞争中脱颖而出，成就更好的自己。

学生怎样用 DeepSeek 提高学习效率

消除对 AI 辅助学习的误解

误解 1：AI 会让我变懒

在学习过程中，部分家长及老师担心借助 AI 会让学生变得懒惰，不再主动思考和探索知识。

但实际上，AI 是一种强大的辅助工具。例如在做研究性学习时，AI 可以快速筛选大量文献资料，帮助学生精准定位到关键信息，节省了大量查找资料的时间，让学生能将更多精力放在对知识的深度理解和分析运用上。例如，在学习历史时，如果想了解某个特定历史时期的政治、经济、文化等多方面情况，AI 能在极短的时间内搜索、分类整合大量相关资料，学生在此基础上去构建知识体系，效率大大提高，而不是单纯依赖 AI 给出答案就不再思考，因此关键在于家长与老师要引导学生合理利用 AI 技术优化学习流程。

误解 2：AI 永远正确

有些同学可能觉得 AI 给出的答案就一定是准确无误的，从而完全信任。然而事实并非如此，AI 也是基于已有的数据和算法进行运算得出结果，可能会存在数据偏差、算法局限等情况导致答案出错。比如，在学习数学解题时，不能直接照搬 AI 给出的解题步骤和答案，应该通过自己手动计算、查阅其他参考资料等方式进行交叉验证。就像学习物理实验，对于 AI 给出的实验结论，要结合实际操作及课本理论知识去判断其正确性，这样才能确保所学知识的准确性，避免被错误信息误导。

误解 3：AI 能代替老师

虽然 AI 在知识传授方面有诸多优势，如可以 24 小时不间断提供学习资源讲解等，但它永远无法取代老师。老师在教学过程中给予学生的情感关怀、个性化的学习指导，以及人格塑造等方面的作用是 AI 无法企及的。例如，在学习语文写作时，老师能根据每个学生的写作风格、情感表达特点进行一对一指导，给予鼓励和建议，帮助学生克服写作中的心理障碍，培养写作兴趣和自信心，而 AI 只能按照既定的规则对文字进行批改和简单评价，缺乏这种人文关怀和情感互动，所以老师在教育过程中的地位是不可被 AI 取代的。

误解 4：AI 什么都能教

AI 在教学过程中存在一些局限性。在一些需要通过图片讲解的知识点上，AI 的表现可能不尽如人意。以数学中的几何体教学为例，学生需要通过观察三维图形的图片来理解其结构和性质，而 AI 可能无法准确地描述和展示这些图形的细节，导致学生难以形成直观的认识。

又如在物理中，一些涉及电路图、力学示意图等知识点，通过图片展示能够更清晰地呈现各个元件之间的连接关系和作用方式，AI 在处理这类内容时可能会出现表述不清或遗漏关键信息的情况。此外，在一些艺术类课程中，如绘画、设计等，AI 也难以像人类教师那样，通过示范和点评学生的实际作品来传授技巧和培养审美能力。因此，我们不能认为 AI 能够教授所有内容，它在某些方面还需要与传统教学方法相结合，才能更好地满足学生的学习需求。

利用 DeepSeek 攻克文言文字词难关

文言文字词辨析是中学生语文学习的重要基础环节，掌握虚词的多种用法对准确理解古籍内涵具有关键作用。通过系统性归纳整理高频虚词的语法特征，结合经典文本实例分析与语境应用训练，能够有效提升学生的文言文阅读理解能力。下面以《论语》

中高频出现的"之"字为例，展示如何运用结构化学习方法突破文言虚词的学习难点。

下面是示例提示词。

请用表格整理《论语》中"之"字的五种用法，每类需包含原文例句、现代释义及语法功能，并设计三个语境填空练习题。

DeepSeek 输出的内容如下。

《论语》中"之"字用法分类表格

用法类别	原文例句	现代释义	语法功能	引用来源
1. 动词（到、往）	"之一邦，则又曰：犹吾大夫崔子也。'"（《公冶长》）	到某地去	作谓语，后接地点名词	4 7
2. 代词（人称代词）	"学而时习之，不亦说乎？"（《学而》）	代指所学的内容	作宾语，复指前文内容	4 5
3. 结构助词（定语标志）	"三年无改于父之道，可谓孝矣。"（《学而》）	相当于"的"	连接定语与中心语，表修饰关系	4 5 7
4. 结构助词（取消句子独立性）	"鸟之将死，其鸣也哀；人之将死，其言也善。"（《泰伯》）	不译	放在主谓之间，使句子短语化	5 7
5. 音节助词	"久之，目似瞑，意暇甚。"（《乡党》）	无实义	补足音节，使句子节奏和谐	5 7

语境填空练习题（附答案）

1. 填空题

子曰："赤之适齐也，乘肥马，衣轻裘。"（《雍也》）

句中"之"的语法功能是：_____，作用是_____。

答案：结构助词；取消句子独立性（使"赤适齐"成为短语，作主语）。

2. 填空题

"夏礼，吾能言之，杞不足征也。"（《八佾》）

此处"之"指代_____，词性是_____。

答案：夏礼的内容；代词。

3. 填空题

"居庙堂之高则忧其民，处江湖之远则忧其君。"（《岳阳楼记》引用类比题）

若仿照《论语》用法，"庙堂之高"中"之"的功能是_____，属于_____结构。

答案：定语后置标志；"中心语＋之＋定语"。

……

类似的，用户还可以向 DeepSeek 做如下提问，或自己解答下面的问题。

（1）请用思维导图呈现《孟子》中"而"字的转折、顺承、修饰三种连接作用，每种需标注出现频率及典型篇章。

（2）请对比整理《史记》与《战国策》中"乎"字的疑问语气与感叹语气使用差异，各举三个典型例句。

（3）请为《诗经》中的通假字设计五组辨析练习，每组包含原句、通假字标注及字义解析填空。

用质数概念理解蝉的生命周期

在自然界中，某些生物的生命周期与数学规律呈现出惊人的契合。北美洲的蝉选择13或17年这种质数周期破土而出的现象，体现了生物进化过程中形成的特殊生存策略。通过数学视角分析可知，质数特有的不可分解性能够有效避免与其他生物周期产生共振，从而降低种群竞争压力。类似的现象还存在于其他具有质数间隔特征的动植物中，例如7年繁殖周期的竹类植物。这种数学与生物学的交叉研究，为学生理解自然界的深层规律提供了独特视角。

下面是示例提示词。

我是一名初中生，我想知道北美洲的蝉要隔13或17年才出现一次，这跟数学有什么关系？类似的情况还有哪些？

DeepSeek 输出的内容如下。

北美洲的蝉每隔13或17年才出现一次的现象，确实与数学中的质数密切相关。以下是通俗易懂的解释和类似案例。

一、蝉的质数周期与数学原理

1. 质数的特性

质数是只能被1和自身整除的数（如13、17）。如果蝉选择质数作为生命周期，它们与天敌的繁殖周期"撞车"的概率会大幅降低。例如：

如果蝉的周期是12年（非质数），天敌周期为2、3、4、6年时，双方会频繁相遇。

若周期是17年（质数），天敌的周期需要是17的倍数（如17年、34年）才会同步，这几乎不可能发生。

2. 最小公倍数的作用

假设天敌的周期是3年，蝉的周期是17年，两者相遇的间隔为17×3=51年；而如果蝉的周期是12年，相遇间隔仅为12年。质数大幅延长了相遇周期，提高生存概率。

3. 进化论的自然选择

科学家推测，历史上可能有不同周期的蝉，但非质数周期的蝉因频繁被捕食而灭绝，只有质数周期的群体存活下来。

……

类似的，用户还可以向 DeepSeek 做如下提问，或自己解答下面的问题。

（1）斐波那契数列在向日葵花盘排列中有什么作用？这种数学规律还体现在哪些植物的生长过程中？

（2）蜂巢的六边形结构如何体现几何最优解？动物界还有哪些类似的建筑智慧？

（3）候鸟迁徙路线与概率分布有什么关系？这种数学规律如何帮助它们规避风险？

快速记忆 10 个不相关的英语单词

在学习的语言过程中，通过语境构建实现词汇的高效记忆是重要的认知策略。将孤立的目标词汇融入连贯的叙事场景，既能强化单词的语义关联，又能提升学习者的语用能力。配合检测型练习设计，可形成"输入—内化—输出"的完整学习闭环。

下面是示例提示词。

请用以下 10 个目标词汇 achieve、explore、curious、car、teacher、blackboard、gentleman、library、student、real，编写一个句子。要求：①词汇自然融入；②重点词用加粗标记；③文后附词汇表（含音标和中文释义）；④设计 5 道完形填空题检测理解。

DeepSeek 输出的内容如下。

句子示例：

The curious [student] decided to explore the [library] after school, where he met a [gentleman] reading a book about how to achieve success; later, his [teacher] pointed at the [blackboard] and said, "The [real] journey begins when you step out of your comfort zone," inspiring him to work harder—even the old [car] parked outside seemed to whisper encouragement.

词汇表：

1. **achieve** /əˈtʃiːv/ (v.) 实现

2. **explore** /ɪkˈsplɔːr/ (v.) 探索

3. **curious** /ˈkjʊəriəs/ (adj.) 好奇的

4. car /kɑːr/ (n.) 汽车

5. teacher /ˈtiːtʃər/ (n.) 教师

6. blackboard /ˈblækbɔːrd/ (n.) 黑板

7. gentleman /ˈdʒentlmən/ (n.) 绅士

8. library /ˈlaɪbreri/ (n.) 图书馆

9. student /ˈstuːdnt/ (n.) 学生

10. real /riːl/ (adj.) 真实的

……

类似的，用户还可以向 DeepSeek 做如下提问，或自己解答下面的问题。

（1）如何用 10 个不相关的单词编写一个有趣的故事？

（2）如何利用联想法记忆复杂的单词？

（3）如何设计高效的单词测试题？

怎样在生活中理解物理知识

物理知识的本质源于人们对自然现象的观察与总结，其理论体系与日常生活现象存在着紧密的内在关联。通过建立物理概念与生活经验之间的认知联结，不仅能深化人们对抽象理论的理解，更能培养人们的科学思维习惯。

以自行车运动为观察对象，骑行过程中的力学作用、零部件运转原理，为人们理解作用力与反作用力、摩擦损耗、气压传导、杠杆原理等物理概念提供了直观的认知载体。这种将生活场景转化为知识模型的思考方式，有助于人们构建完整的物理认知体系。

下面是示例提示词。

怎样通过自行车以及骑自行车通俗化理解物理中的力、摩擦、气压、杠杆这些知识点？

DeepSeek 输出的内容如下。

通过自行车和骑行过程，可以非常直观地理解物理中的力、摩擦、气压和杠杆原理。以下是通俗化的解释。

一、力的传递与平衡

1. 力的传递

骑行时，脚踏板通过链条将力传递到后轮齿轮，后轮与地面的摩擦力成为自行车前进的动力。这体现了力的转化：肌肉化学能→机械能→动能。

类比：像踩水车一样，链条是力的"搬运工"，后轮是"推土机"，地面是"支撑点"。

2. 力的平衡

在匀速骑行时，后轮向前的摩擦力与前轮向后的阻力平衡；当刹车时，前后轮摩擦力共同作用抵消惯性。

现象：急刹车时身体前倾，是惯性未被平衡的表现。

二、摩擦的双面性

1. 增大摩擦的设计

轮胎花纹、刹车块：通过增加接触面的粗糙度提升摩擦力，防止打滑。

实验验证：在光滑的路面上骑行容易失控，说明摩擦力的必要性。

2. 减小摩擦的设计

车轴滚珠和润滑油：变滑动为滚动摩擦，减少阻力。

反例：生锈的车轴转动困难，说明摩擦对机械效率的影响。

……

类似的，用户还可以向 DeepSeek 做如下提问，或自己解答下面的问题。

（1）如何用烹饪食物的过程解释化学反应中的物质变化、能量转化和催化剂作用？

（2）怎样借助体育运动中的动作分解，理解生物学中的肌肉协同、骨骼杠杆和能量代谢?

（3）如何通过观察天气变化现象，掌握地理学中的大气环流、水循环和季风形成原理?

利用 DeepSeek 练习发散性思维

在培养创造性思维的过程中，通过设定特定元素进行故事创作是有效的训练方式。将若干看似无关的具象事物进行逻辑串联，既能突破固有思维定式，又能锻炼叙事架构能力。这种训练要求创作者在保持情节合理性的前提下，通过想象力构建元素间的隐性关联，最终形成完整的故事脉络。

下面是示例提示词。

> 请你发挥创意，以沙漠、鲸鱼、闹钟、机器人蛋糕这几个看似毫无关联的词为基础，构思并撰写一个完整且富有想象力的故事。故事需要有清晰的情节线索，合理地将这三个元素融入其中，使其相互关联，逻辑自洽，形成一个引人入胜的叙事内容，字数不少于 500 字。

DeepSeek 输出的内容如下。

好的，我将按照您的要求创作一个科幻题材的故事。为了让故事更完整，我会先列出一些基本框架。请您看看以下内容是否符合您的预期。如果您有其他想法，可以随时提出，我会进行调整。

世界观设定

时间设定：未来世界，人类经历生态崩溃后进入科技复兴时代，环境改造与生物基因技术高度发达。

地点设定：撒哈拉沙漠中央的生态实验基地，地表覆盖着可吸收阳光的纳米玻璃层，地底保存着人类文明的火种。

基本背景：人类为对抗荒漠化启动"鲸落计划"，将鲸鱼改造成沙漠生存物种。计划失败后，仅存的全息投影装置维系着人类对海洋的最后记忆。

故事梗概

日常维护：机器人 S-1072 在沙漠基地执行日常维护任务，修复被风沙侵蚀的鲸鱼骨架标本，等待每日正午的全息投影时刻。

异常发现：某日在控制室发现未腐坏的草莓蛋糕，内置生物芯片揭示基地尘封往事，触发核心程序深层指令。

记忆解封：通过蛋糕内储存的全息影像，机器人逐步恢复人类时期的记忆，发现自己是项目首席林深博士的意识载体。

真相揭露：三年前实验失败的真相浮现，林深将意识上传至机器人，草莓蛋糕成为记忆触发装置的关键载体。

最终抉择：启动备用能源激活全息巨鲸完整投影，用生命最后三小时向世界传递希望，完成生态重建的终极遗愿。

正午十二点的闹钟在沙漠深处响起时，S-1072 的传感器捕捉到空气里细微的震颤。它停下擦拭鲸鱼骨架的动作，锈迹斑斑的金属手指抚过肋骨上斑驳的太阳能涂层，那些淡蓝色的鳞片状物质正在沙暴侵蚀下片片剥落。

……

类似的，用户还可以向 DeepSeek 做如下提问，或自己解答下面的问题。

（1）请用蒲公英、宇航服、算盘、漂流瓶、霓虹灯五个意象创作悬疑题材微小说，要求每个意象在关键情节节点发挥重要作用。

（2）以《小红帽》故事为原型，分别用侦探小说、科幻小说、职场剧三种不同风格进行改写，突出每种文体的核心要素。

（3）设计一个融合古代铜镜、全息投影、会说话的猫三个元素的奇幻场景，要求同时体现传统美学与未来的科技感。

制订番茄工作法学习计划

科学的时间管理方法能有效提升学习效率，番茄工作法作为经典的时间管理工具，通过专注时段与间隔休息的合理搭配，有助于保持学习注意力的持续性。对于面临期中考试的学生，将学科知识点与番茄钟相结合，既能保证知识梳理的系统性，又能避免长时间学习产生的倦怠感。

下面是示例提示词。

今天是周末，下周一期中考试，我打算用番茄工作法来复习语文、数学与英语，请列出一个复习计划。

DeepSeek 输出的内容如下。

基于番茄工作法和黄金时段法则，结合语文、数学、英语三科复习特点，为你制订以下周末复习计划。

一、时间规划框架

总原则：25 分钟专注学习 +5 分钟强制休息（每 4 个番茄钟后休息 30 分钟）

黄金时段匹配任务类型：早晨记忆、下午理科攻坚、晚间知识整合

任务拆分：每科按题型 / 难度分解为可量化的番茄钟目标

二、具体复习安排

第一天（周六）

上午（晨间黄金时段：6：30—8：30）

语文（2 个番茄钟）

1. 古诗文背诵（25 分钟）：默写重点篇目（如《岳阳楼记》名句），标注易错字音字形。

2. 现代文阅读（25 分钟）：限时完成 1 篇练习，对照答题模板总结失分点。

休息 5 分钟：喝水 + 远眺

英语（1 个番茄钟）

1. 高频词汇速记（25 分钟）：用 Anki 软件滚动复习 50 个考纲词汇，结合例句记忆。

休息 5 分钟：拉伸 + 听英文歌曲

下午（理科攻坚时段：16：00—18：00）

数学（3 个番茄钟）

1. 基础题速刷（25 分钟）：完成 10 道选择填空题，限时训练提高准确率。

2. 压轴题攻坚（25 分钟 +25 分钟）：分步拆解几何证明题或函数综合题，标注解题卡点。

休息 15 分钟：闭眼冥想 + 错题标记

……

类似的，用户还可以向 DeepSeek 做如下提问，或自己解答下面的问题。

（1）如何将番茄工作法与错题本结合进行数学期末复习？请设计包含知识点梳理与习题强化的 6 小时学习方案。

（2）周末有语文作文、英语听力和物理实验三门作业，请按照番茄钟原理安排 4 小时的高效完成计划。

（3）距离月考还有三天，需要复习历史、地理和生物，请订定每天使用番茄工作法 6 个循环的详细复习流程。

老师怎样用 DeepSeek 提高教学效率

利用 DeepSeek 帮助老师分析考试成绩

在教育信息化不断深化的背景下，人工智能技术为教学数据分析提供了新的解决方案。通过系统化的成绩分析，教师能够精准把握班级整体学习状况，同时关注个体发展差异。这里以高中语文成绩分析为范例，展示如何借助 AI 技术实现多维度教学评估，既包含班级均分、优秀率等宏观指标解析，又涵盖学生个体优势与薄弱环节的精准诊断，为实施分层教学和个性化指导提供数据支撑。

下面笔者用一个案例来讲解如何利用 AI 帮助老师分析考试成绩，具体步骤如下所示。

（1）在 WPS 软件中打开班级成绩单，如下图所示。

学号	姓名	性别	数学	语文	英语	历史	地理	政治	总分
201	张子涵	女	98	105	110	85	88	90	576
202	李思琪	女	85	112	108	92	86	89	572
203	王浩然	男	102	98	95	78	82	85	540
204	陈雨欣	女	88	115	107	90	91	88	579
205	刘宇航	男	95	100	103	87	89	92	566
206	赵雅婷	女	92	108	112	94	90	91	587
207	周若曦	女	105	97	98	82	85	87	554
208	孙天宇	男	90	110	105	89	88	90	572
209	吴俊杰	男	80	102	100	86	87	89	544
210	郑梦瑶	女	87	85	109	93	92	91	557
211	郭子轩	男	94	99	96	80	84	86	539
212	冯诗涵	女	91	113	111	95	90	92	592
213	林志娇	女	103	96	97	83	85	88	552
214	徐佳琪	女	89	112	108	91	89	90	579
215	何宇轩	男	97	101	104	88	86	89	565
216	高欣然	女	93	109	107	92	91	93	585
217	黄子豪	男	99	98	99	81	83	87	547
218	秦思雨	女	86	114	110	94	90	90	586
219	曹萌萌	女	104	100	102	87	88	90	571

（2）单击上方菜单栏中的 WPS AI 按钮，出现如下左图所示的列表，单击"AI 数据分析"按钮，弹出"AI 数据分析"对话框，如下右图所示。

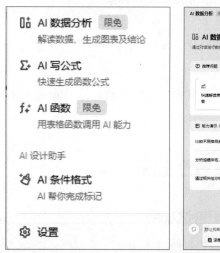

（3）接下来在文本框中输入相关的文本指令。这里要生成的应用场景为：一名高三学生是班级的语文课代表，语文老师想让他分析全班的语文成绩。这时给 AI 的文本指令为"你是一名语文课代表，现在老师让你分析你们班的语文成绩。请采取以下步骤进行分析：①整体语文成绩水平：请详细阐述你们班语文成绩的整体情况，包括高分情况、平均分、及格率等指标。②个别同学的语文成绩水平：请针对不同语文水平的学生，分析他们的成绩特点、优势领域及需要提升的地方。要求：分析要全面、准确，既要总结整体情况，又要指出个体差异，确保分析的深入性和针对性。"如下图所示。

你是一名语文课代表，现在老师让你分析你们班的语文成绩。

请采取以下步骤进行分析：

深度思考

（4）单击文本框右侧的 ➤ 图标，即可生成相关的成绩分析，得到的结果如下。

一、整体语文成绩水平分析

基础指标表现

平均分 104.5 分（满分 150 分），整体处于较高水平，但仍有提升空间。

最高分 115 分（陈雨欣、冯诗涵、钟若曦等），最低分 85 分（郑梦瑶），极差 30 分，说明个体差异较大。

标准差 7.21 分，成绩分布相对集中，但需注意尾部学生。

及格率 100%（全班均 ≥ 85 分），优秀率 46.67%（14 人 ≥ 108 分），说明班级语文基础扎实，但高分段竞争激烈。

分布特征（直方图显示）

成绩呈双峰分布：主峰集中在 100 ~ 110 分段（17 人），次峰在 110 ~ 115 分段（5 人）。

平均分线（104.5 分）右侧学生占比 60%，说明多数学生高于平均水平。

二、个体差异分析

（1）高分段（≥ 108 分，14 人）

代表学生：冯诗涵（113 分）、钟若曦（113 分）、李思琪（112 分）。

优势领域：文科综合能力突出（历史、政治平均分 92.4 vs 班级 85.6）；语言应用能力较强（英语平均分 109.3 vs 班级 102.7）。

潜在的问题：数学学科相对薄弱（数学平均分 92.1 vs 班级 93.5），如郑梦瑶（语文 85 分，数学 87 分）存在文理失衡风险。

（2）中等段（90 ~ 107 分，13 人）

代表学生：王浩然（98 分）、周若曦（97 分）、许天佑（97 分）

提升方向：阅读理解能力需加强（历史平均分 83.2 vs 高分段 92.4）；写作技巧待优化（语文主观题得分率低于高分段 8%）。

（3）关注段（≤ 89 分，3 人）

重点学生：郑梦瑶（85 分）

问题诊断：

文科全线偏低（历史 93 分，语文 85 分，反映基础知识点漏洞）；

学习策略需调整（数学 87 分显示逻辑思维尚可，但语言类学科方法论欠缺）。

三、针对性建议

班级层面：开展文言文专题训练（高分段易错点数据显示虚词辨析失分率25%）。

分组教学：

高分段：组织作文互评小组（提升写作深度）；

中等段：强化现代文阅读技巧培训；

关注段：实施基础知识每日打卡计划；

个体辅导：为郑梦瑶等学生定制文理学科协同提升方案。

（5）还可以让 AI 生成关于语文成绩的柱状图。给出"请帮我生成语文成绩的柱状图。"的文本指令，得到的柱状图如下图所示。

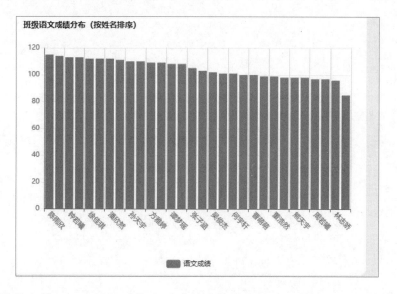

（6）除此之外，还可以通过指令对成绩表格做出修改，单击上方菜单栏中的 WPS AI 按钮，再单击"AI 条件格式"按钮，弹出下图所示的对话框。

（7）在文本框中输入"将语文成绩中超过 100 分的单元格标记为红色。"的指令，单击文本框右侧的➤图标，进入下图所示界面。

（8）选择合适的格式后，单击"完成"按钮，即可得到最终效果，如下图所示。

	A	B ⋯	C	D	E	F	G	H	I	J
1	学号	姓名	性别	数学	语文	英语	历史	地理	政治	总分
2	201	张子涵	女	98	105	110	85	88	90	576
3	202	李思琪	女	85	112	108	92	86	89	572
4	203	王浩然	男	102	98	95	78	82	85	540
5	204	陈雨欣	女	88	115	107	90	91	88	579
6	205	刘宇航	男	95	100	103	87	89	92	566
7	206	赵雅婷	女	92	108	112	94	90	91	587
8	207	周若曦	女	105	97	98	82	85	87	554
9	208	孙天宇	女	90	110	105	89	88	90	572
10	209	吴俊杰	男	80	102	100	86	87	89	544
11	210	郑梦瑶	女	87	85	109	93	92	91	557
12	211	郭子轩	男	94	99	96	80	84	86	539
13	212	冯诗涵	女	91	113	111	95	90	92	592
14	213	林志娇	女	103	96	97	83	85	88	552
15	214	徐佳琪	女	89	112	108	91	89	90	579
16	215	何宇轩	男	97	101	104	88	86	89	565
17	216	高欣然	女	93	109	107	92	91	93	585
18	217	黄子豪	男	99	98	99	81	83	87	547
19	218	秦思雨	女	86	114	110	94	90	92	586
20	219	曹萌萌	女	104	100	102	87	88	90	571
21	220	邓梦洁	女	92	111	106	93	92	91	585
22	221	许天佑	男	96	97	95	79	82	85	534
23	222	韩雪儿	女	90	110	105	90	89	88	572
24	223	谢子墨	男	101	103	101	85	87	89	566
25	224	潘欣然	女	88	112	108	92	91	90	581
26	225	董浩然	男	95	99	96	80	84	86	540
27	226	方雅婷	女	94	109	107	93	90	91	584
28	227	熊天宇	男	72	98	97	82	85	87	521
29	228	钟若曦	女	89	113	110	94	92	93	591
30	229	崔俊杰	男	97	101	104	88	86	89	565
31	230	谭梦瑶	女	93	108	106	91	90	92	580

类似的，用户还可以向 DeepSeek 做如下提问，或自己解答下面的问题。

（1）作为数学科代表，如何运用 AI 对月考各题型得分率进行归因分析？

（2）物理实验报告质量评估应包含哪些维度？请设计 AI 分析框架。

（3）英语作文批改中，AI 如何实现语法纠错与写作建议的智能整合？

利用 DeepSeek 生成随堂测试题

对初高中的学生而言，随堂测试有比较明显的作用。首先，学生刚学完新知识，马上做随堂测试，能趁热打铁，将知识点记得更牢，理解得更透彻。其次，老师能从随堂测量看出学生哪些地方没弄懂，以调整教学重点及方法。

借助 AI 技术设计随堂测试，可以根据教学内容，输出各种难度不同的题目，使基础不同的学生都能得到适合自己水准的练习。

下面是笔者设计的提示词。

> 假设你是一位拥有 20 年教龄的资深初中数学教师，请针对概率这节课生成随堂测试题目，题目尽量用日常生活中能遇到的事件或现象，难度要适合中等水平的学生。输出时要注意将答案与题目分开，前面是题目，后面是答案。

下面摘选 DeepSeek 回复的题目部分。

随堂测试题目

一、选择题（每题 4 分，共 20 分）

1. 下列事件中，属于必然事件的是（ ）。

A. 抛一枚硬币，正面朝上

B. 太阳从东方升起

C. 打开电视，正在播放动画片

D. 明天下雨

2. 一个不透明的袋子里有 5 个红球、3 个蓝球和 2 个白球，从中随机摸出一个球，摸到红球的概率是（ ）。

A. 1/5　B. 3/10　C. 1/2　D. 5/10

3. 下列说法正确的是（ ）。

A. 某彩票中奖率 1%，买 100 张必中 1 张

B. 天气预报说"明天下雨概率 80%"，表示明天一定会下雨

C. 抛一枚骰子，点数 6 朝上的概率是 1/6

D. 随机事件发生的可能性可能超过 1

4. 小明连续抛一枚硬币 3 次，结果都是正面朝上。第 4 次抛硬币时，正面朝上的概率是（ ）。

A. 0　B. 1/2　C. 1　D. 大于 1/2

5. 某路口红绿灯的周期为 60 秒，绿灯亮 30 秒。随机到达路口时，遇到绿灯的概率是（ ）。

A. 1/3　B. 1/2　C. 2/3　D. 3/4

二、填空题（每空 3 分，共 24 分）

1. 在一个有 10 支签的抽奖活动中，2 支是中奖签。抽中奖的概率是 _____。

2. 同时掷两枚骰子，点数之和为 7 的概率是 _____。

3. 某班级有 40 名学生，至少两人同一天生日的概率接近 _____%。

4. 天气预报显示本周降雨概率为 70%，说明本周下雨的可能性 _____（填"较大"或"较小"）。

三、应用题（共 56 分）

1. 某商场举办抽奖活动，箱内有 100 张奖券，其中 5 张为一等奖，10 张为二等奖，其余为"谢谢参与"。

（1）小明抽中一等奖的概率是多少？

（2）若小明未中一等奖，他抽中二等奖的概率变为多少？

2. 小刚和小红设计了一个游戏：抛一枚骰子，若点数为 1、2，小刚胜；若点数为 4、5、6，小红胜；点数为 3 则平局。

（1）计算双方获胜的概率，判断游戏是否公平。

（2）如何修改规则使游戏公平？

3. 某奶茶店统计了最近 100 杯订单，发现 35 杯加了珍珠，25 杯加了椰果，其余未加配料。

（1）随机抽取一杯，不加配料的概率是多少？

（2）若某天卖出 200 杯，估计有多少杯会加珍珠？

（3）结合频率与概率的关系，解释你的计算依据。

利用 DeepSeek 设计结合热点的课堂导入方案

一个好的课堂导入方案不仅能够有效地抓住学生的注意力，让他们从课间休息的兴奋状态平稳过渡到课堂学习的专注状态，还可以激发学生的学习兴趣，使他们对即将学习的内容产生好奇心和求知欲。

虽然不少课程已经有成熟的课堂导入方案，但如果要让课程有新意，老师不妨尝试使用 DeepSeek 设计一些与众不同且能配合当下社会热点的课堂导入方案。

例如，下面是示例提示词。

结合当下的社会热点《哪吒之魔童闹海》为《从百草园到三味书屋》设计一个课程导入方案，在 5 分钟左右，要有趣、生动，使用的素材限于《哪吒之魔童闹海》的海报、预告片片段，以及《从百草园到三味书屋》的课文插画，要包括完整的课堂导入语言。

下面是 DeepSeek 的回复。

课堂导入语言设计

1. 数据破冰，点燃好奇（1 分钟）

"同学们，上周全球影史发生了一件大事：一部中国动画电影票房飙到 149 亿，超越《复仇者联盟 3》，冲进全球影史第六！它就是《哪吒之魔童闹海》！"（展示《哪吒之魔童闹海》海报：哪吒与四海龙王对峙，锁链缠绕妖兽如潮水翻涌）

"导演饺子为庆祝票房每涨 1 亿手绘一张海报！（快速滑动展示 3 张手绘海报，如第 1 亿的"陈塘关快递"、第 20 亿的"众人托举"、第 30 亿的"莲池重生"）

"但你们知道吗？鲁迅先生也是画画高手——他在三味书屋偷描的绣像，是不是和饺子导演一样，用画笔对抗无聊的规矩？"（切换至课文插画：少年鲁迅伏案偷画）

2. 意象碰撞，重构"战场"（2 分钟）

播放《哪吒之魔童闹海》预告片段（15 秒）：哪吒手持火尖枪劈开海浪，敖丙在龙族与友情间挣扎，镜头定格于万根锁链束缚的妖兽群。

"这些锁链困住的不仅是妖兽，更是偏见与宿命。哪吒用七色宝莲重塑肉身，鲁迅用文字重塑童年。一个在陈塘关对抗百万妖兽，一个在百草园对抗……"（突然暂停画面，展示课文插画中的三味书屋匾额与伏鹿图）

"对抗什么？对，是'三味书屋的锁链'！戒尺是锁链，'仁远乎哉'是锁链，连伏在古树下的梅花鹿都像被规矩压弯了脊梁。"（放大插画中伏鹿细节，对比预告片锁链特写）

3. 细节共情，激活文本（1.5 分钟）

"导演饺子连'背景板士兵'都设计了不同表情：有人咬牙冲锋，有人吓得闭眼——这和鲁迅写百草园'油蛉低唱、蟋蟀弹琴'异曲同工，都在告诉我们：真正的观察从不复制粘贴！"（同步展示预告片中士兵群像与课文泥墙根插图）

"再看哪吒那句'爹娘陪你扛天劫'，李靖夫妇像不像鲁迅笔下'给我买来带图的《山海经》'的长妈妈？中式亲情从不说爱，却总在'贴脸开大'！"（对比电影中李靖护子画面与课文"人面的兽"插图）

4. 悬念收束，勾连现实（0.5 分钟）

"今天，我们就化身'文字版哪吒'，用鲁迅的'火尖枪'——也就是这篇散文——刺破三味书屋的锁链！翻开课本第 34 页，先找找伏鹿图里藏着的'妖兽'：是刻板的教书先生？还是死记硬背的'之乎者也'？"

第 6 章

DeepSeek 在法律医疗领域的应用实战

利用 DeepSeek 让法律条文不再难懂

DeepSeek 怎样为法律人员赋能

法律行业的特点之一就是从业人员需要熟记大量的法律条款，从而在复杂案件的处理中能够快速定位法律依据、构建严密的论证体系。因此，律考也被称为"天下第一考"。

然而当 DeepSeek 进入法律行业后，这一切变得不一样起来。首先，其秒级检索能力颠覆了传统法律检索模式，律师无须再耗费数日翻阅案例汇编，只需输入关键词即可获取精准匹配的司法解释、类案裁判要旨及法律适用分析；其次，AI 的合同审查功能将原本需要数小时的人工核查压缩至几分钟，通过语义识别和风险模型自动标注条款漏洞，甚至生成合规建议。

可以说，DeepSeek 抹平了知识储备的"经验鸿沟"，使初入行的青年律师，也能够依靠熟练应用 DeepSeek 而具备资深律师级的办案效率。通过该系统的"深度思考"模式，新人可清晰地观摩 AI 对法律关系的拆解路径：从《中华人民共和国民法典》违约损害赔偿的构成要件分析，到最高人民法院指导案例的裁判规则类比，最后结合涉案合同履行情况生成赔偿计算模型。

这种"可视化法律推演"不仅加速了青年律师的专业成长，更使其在处理建设工程合同纠纷等复杂的商事案件时，能够快速搭建包含关联案例、规章的立体化证据体系。

在实务操作层面，DeepSeek 的"智能文书库"功能尤为突出。系统可根据律师输入的案情概要，自动生成具备专业性和规范性的起诉状、答辩状初稿，并依据《律师执业行为规范》自动嵌入风险提示条款。

对于知识产权维权等标准化程度较高的案件，AI 甚至能完成 90% 的文书基础框架，律师仅需对关键事实进行复核校准即可。

面对海量案件数据，接入 DeepSeek 的智能系统可以自动生成可视化分析报告，通过趋势图展现特定类型案件的裁判倾向变化，辅助律师预判案件走向并制定诉讼策略。还能基于历史裁判数据推演胜诉概率，结合"深度思考"模式模拟法官裁判逻辑，帮助律师构建更具说服力的论证体系。

在庭审场景中，AI 可实时整理笔录关键信息，自动生成起诉状、答辩状等司法文书，甚至通过语义分析预判对方的辩护策略，显著提升法律文书的专业度与应变效率。

但需要特别说明的是，DeepSeek 并非替代律师的"全能法官"，而是作为"超级法律助手"存在。在医疗损害责任纠纷等需要价值平衡的领域，AI 虽然能快速梳理《中华人民共和国民法典》适用顺序，却无法替代律师对患方情绪进行疏导；在刑事辩护中，系统可精准检索相似案件的量刑分布曲线，但关于"正当防卫"的定性仍需要律师结合庭审表现进行策略调整。

这种"人机协同"模式正在重塑法律服务的价值维度——将机械性工作交给 AI，让人脑专注于更需要伦理判断和创造性思维的领域。

确保 DeepSeek 不出现大模型幻觉

在本书的第 1 章曾分析过大模型幻觉的危害，虽然第一个 DeepSeek 的使用者都应该注意大模型幻觉，但法律行业的从业者应该格外重视。

因为 AI 生成虚构法律条文或捏造判例的行为可能引发灾难性后果，在美国曾出现过律师因提交 ChatGPT 虚构的判例遭到司法处罚。这种现象不仅会误导法官裁判方向，更会动摇司法的公信力。虚假案例被写入裁判文书，可能形成"污染判例库"的连锁反应，破坏法律体系的稳定性。在合同审查场景中，AI 若错误解读违约责任条款，可能使企业面临巨额损失；在知识产权领域，模型对专利新颖性的误判更可能导致侵权诉讼。

这些风险凸显了法律行业对信息准确性的苛刻要求与 AI 幻觉之间的根本性冲突。

要构建 DeepSeek 在法律场景的防幻觉体系，需要从技术架构与业务流程双重维度切入。

首先，如果是专业的法律人员，应该使用经过专业、真实法律数据训练生成的微调版 DeepSeek，或类似的专业大模型，如由东南大学法学院数字法学团队开发的基于 720 亿参数的法律专业大模型"法衡 2.0"、由贵州律皓科技有限公司与贵州大学联合研发的"法管家"大模型、由最高人民法院发布的"法信"大模型、由中国司法大数据研究院与数智枫桥研究院研制的"法观"大模型。

其次，如果使用的并不是微调训练过的 DeepSeek，则应采用检索增强生成（RAG）技术，将北大法宝、裁判文书网等权威数据库嵌入模型知识源，通过向量检索强制 DeepSeek 检索及知识引用范围。

例如，一个由国内法律团队和 AI 团队联合成立的法律科技公司开发法律专业平台引入 DeepSeek 后，使用体验有明显提示，下图是此平面的首页，在 AI 对话、法律研究两个模块的右上角有明显的 DeepSeek 小图标。

最后，在使用过程中，必须在提示词中嵌入要求 DeepSeek 提供每一个判断的法律依据索引来源的内容，以便于律师对照原始法规逐条标注并验证。

用户还可以通过将一个大模型给出的结论复制到另一个大模型中，使模型之间相互印证，并从中找到更合理的判断。

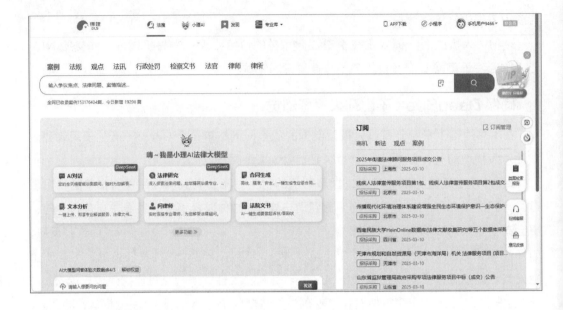

使 DeepSeek 给出严谨回复的提示词技巧

通过前面的讲解，相信各位读者对于大模型的危害已经有了较全面的认识，下面笔者列出能够在一定程度上确保 DeepSeek 给出更严谨的回复的提示词技巧。

1. 明确任务范围与边界

限定模型仅基于公开可验证的法律条文、司法解释或权威判例进行分析。

示例指令：

"请仅引用《中华人民共和国民法典》《中华人民共和国刑法》《中华人民共和国民事诉讼法》等现行有效法律条文，并标注具体条款编号。若涉及判例，须注明案例来源（如最高人民法院指导案例 × × 号）。"

2. 分步验证与证据链构建

强制模型分阶段生成内容：检索法律依据→匹配事实→推导结论，避免跳跃性推理。

示例指令：

"请按以下步骤分析：

列出与案件相关的法律条文（含条款内容及出处）；

提取案件事实中的关键法律要件；

逐项比对事实与法律要件，说明是否符合法律规定。"

3. 限制信息源与时效性

要求仅使用特定时间范围（如 2020 年后修订）的法律文件，排除失效或修订前的条文。

示例指令：

"请使用 2023 年 1 月 1 日后生效的法律法规，若引用旧法需标注'已废止'并说明替代条款。"

4. 格式化输出与交叉校验

规定表格化输出（如"法律依据—事实匹配—结论"三列）以增强可验证性。

示例指令：

"请以表格形式呈现分析结果，包含以下列：法律条文编号、对应事实描述、逻辑关联性评分（1 ～ 5 分）。"

5. 对抗性提示与风险声明

要求模型主动识别潜在争议点并标注不确定性。

示例指令：

"若分析中存在法律解释分歧（如条文存在多种司法解释），请分别列出不同观点及其依据，并以'风险提示'标注最高法倾向性意见。"

DeepSeek 法律文书交叉验证实战

例如，针对下面的案例，先在 DeepSeek 中使用严谨的提示词得到一个分析报告，再将此报告发送给豆包，获得了更加完善的法律分析。

案例基本情况如下。

甲公司向乙公司采购设备，合同约定"货到付款"，但乙公司延迟交货 30 天。甲公司主张乙公司构成根本违约，要求解除合同并赔偿损失；乙公司辩称延迟系疫情导致，主张适用不可抗力条款。

在 DeepSeek 中使用的提示词如下。

请根据法律依据，分析乙公司是否构成违约。

要求：

1. 法律检索：列出《中华人民共和国民法典》中与合同履行、不可抗力相关的所有条款（需标注具体条文内容及出处）；

2. 事实匹配：提取案例中"延迟交货原因""合同约定条款""损失证据"三个关键事实；

3. 要件分析：

使用表格对比"不可抗力成立条件"与"乙公司提供的疫情证据"是否匹配；

根据《中华人民共和国民法典》第 563 条，判断延迟 30 天是否达到"合同目的不能实现"标准；

4. 结论生成：若存在不同的司法观点，需分别说明（如北京高院 2023 年 × × 号判例支持疫情为不可抗力，但上海高院 2024 年 ×× 号判例要求证明直接影响）；

5. 风险声明：对"不可抗力证明不充分"或"损失计算依据不足"等潜在风险点标注黄色警告。

禁止事项：

不得假设未提及的事实（如"甲公司未催告"）；

不得使用"通常""一般"等模糊表述，需引用具体判例或条文。

DeepSeek 回复如下。

法律分析报告（2025 年 3 月 9 日）

一、法律检索

根据《中华人民共和国民法典》相关规定，与合同履行及不可抗力相关的条款如下：

条款编号	具体内容	出处
第一百八十条	因不可抗力不能履行民事义务的，不承担民事责任。不可抗力是不能预见、不能避免且不能克服的客观情况。 1 2 3	总则编
第五百九十条	当事人一方因不可抗力不能履行合同的，部分或全部免除责任；但需及时通知对方并提供证明。迟延履行后发生不可抗力的，不免责。 1 2 3	合同编
第五百六十三条	因不可抗力致使不能实现合同目的，当事人可解除合同。 6 7 8	合同编
第八百三十二条	承运人因不可抗力导致货物毁损、灭失的，不承担赔偿责任。 1	合同编

二、事实匹配

延迟交货原因：乙公司主张因疫情导致生产或运输受阻。

合同约定条款：合同约定"货到付款"，未明确约定交货期限的严格性。

损失证据：甲公司未在题干中提供具体损失计算依据（需标注风险）。

......

接下来复制所有回复内容，并切换至豆包平台，复制案例及 DeepSeek 的回复内容后，添加"分析上面的判决是否正确"的提示，获得了如下回复。

根据法律分析报告及相关案例，该判决分析存在以下需要完善之处。

一、法律条款引用偏差

《中华人民共和国民法典》第 832 条适用存疑

该条款针对运输合同中承运人责任，与本案设备采购合同无直接关联，建议删除。

应重点关注《中华人民共和国民法典》第 590 条（不可抗力通知义务）、第 563 条（合同解除权）及第 591 条（减损义务）。

二、事实要件分析不足

合同签订时间与疫情关联性

若合同签订于疫情暴发后（如 2020 年 1 月后），乙公司主张 "不可预见" 将面临较大障碍（参考上海二中院 2022 年判例）。

需补充合同签订具体时间及疫情发展阶段的证据。

延迟交货原因的复合性

乙公司需证明延迟完全由疫情导致，而非管理不善或供应链其他环节的问题（如摘要 5 中供货公司因供应商问题未获免责）。

建议增加对乙公司生产计划、物流替代方案的审查。

……

由此可以看出，这次得到的答复更加完善。

DeepSeek 在医学领域的应用与探索

DeepSeek 怎样为医学人员赋能

在医学领域，资料浩如烟海，信息纷繁复杂，人脑难以全面掌握和记忆。而 DeepSeek 则可以凭借强大的数据处理及逻辑推理能力，帮助医学人员从海量的文献、病例和研究中快速提取关键信息，避免信息过载的困扰。

同时，DeepSeek 还能通过语义理解技术，将复杂的医学知识结构化，便于医生快速检索和应用。这不仅减轻了医学人员的记忆负担，还提升了他们的工作效率和决策的准确性，让医学实践更加科学和高效。

下面将详细讲解如何利用 DeepSeek 辅助医学影像诊断，以及如何利用 DeepSeek 对治疗方案进行个性化优化，当然除了这两类目前已经小规模落地实处的 AI 辅助诊疗实践，不少医疗机构还在探索手术风险智能评估、实时患者数据智能分析、多学科协作诊疗助力、药物相互作用风险预警、高危人群精准筛查干预、康复进程动态评估优化、医疗流程合规性智能监控、医学文献检索、医学数据深度挖掘与分析、临床试验设计与优化、医疗差错风险预判防控。

利用 DeepSeek 辅助医学影像诊断

DeepSeek 在医学影像诊断中展现出了高效性和准确性，为医生提供了强大的支持。传统的医学影像诊断主要依赖医生的人工判读，这不仅需要医生具备丰富的经验和专业知识，而且工作量巨大，容易出现疲劳和误诊。

而 DeepSeek 利用其先进算法，能够对医学影像进行快速处理和分析，在短时间内扫描大量的影像数据，自动识别出影像中的异常区域，如肺部的结节、肿瘤，脑部的病变等。以肺癌诊断为例，DeepSeek 可以对肺部 CT 影像进行逐层分析，准确地检测出肺部结节，并判断其性质（良性或恶性）。

在一项人机对抗实验中，DeepSeek 诊断的准确率达到了 95% 以上，而传统人工诊断的准确率约为 85%。这在一定程度上意味着 DeepSeek 能够帮助医生更早、更准确地发现肺癌，为患者争取宝贵的治疗时间。

据报道，2025 年 2 月 20 日，西安国际医学中心医院宣布完成 DeepSeek 大模型的本地部署，成为西北地区首家引入这一前沿 AI 技术的医疗机构，下图为其官网新闻页面。

利用 DeepSeek 对治疗方案进行个性化优化

以往，由于人力与技术条件限制，医院往往采用"千人一面"的治疗方案，难以满足患者的个性化需求。

然而，以 DeepSeek 为代表的智能平台有希望彻底改变这一局面，为患者提供更精准、更个性化的医疗服务，极大地改善患者的就医体验。

例如，通过深度学习算法，DeepSeek 能够快速处理和分析海量的医学数据，为每一位患者量身定制最佳治疗方案。在肿瘤治疗领域，DeepSeek 可以结合患者的基因数据和药物相互作用数据库，推荐个性化的药物剂量调整或替代药物，降低不良反应的发生率。

在慢性病管理方面，能为糖尿病患者提供动态饮食建议，或为高血压患者预警服药时间。此外，DeepSeek 还能在康复跟踪与管理中发挥重要作用，通过智能化的康复跟踪与管理系统，持续关注患者的康复情况，为患者提供个性化的康复指导和建议，及时调整康复计划，确保患者顺利康复。

例如，厦门大学附属第一医院已经接入了 DeepSeek，医生在制订出院治疗计划时，所需时间从原来的 5 ~ 10 分钟缩短至 1 分钟，而且方案的准确性和细致程度也大幅提升。这不仅节省了医生的时间，让医生能够将更多精力投入到患者的诊断和治疗中，还有效提高了患者的就医体验，而且当患者做过检查后，可以在手机端利用 AI 对检查结果进行解读，如下图所示。

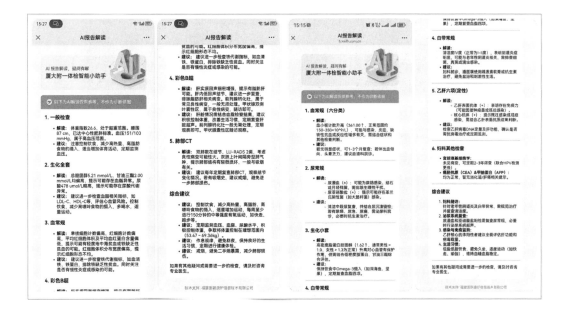

警惕大模型幻觉对诊疗效果的致命影响

与前面讲述的 DeepSeek 在法律行业的应用一样，在医学领域也需要特别警惕大模型幻觉，这一问题可能带来非常严重的后果。

比如，在诊断环节，若模型因幻觉给出错误的疾病判断，如将普通的肺炎误诊为罕见的肺部疑难病症，患者可能会接受不必要的复杂检查和高风险治疗，既延误病情，又增加经济负担与身体的痛苦。在制定治疗方案时，幻觉导致推荐错误的药物组合或错误的用药剂量，可能引发药物不良反应甚至危及生命。

因此，大模型的幻觉在实际医疗应用中会严重干扰诊断与治疗决策，降低 AI 辅助诊疗的可靠性。

为应对大模型幻觉问题，采用专业的医学大模型是关键举措之一。国内已有数十个受到认可的专业医学大模型，例如，腾讯觅影大模型是与协和医院深度合作的肿瘤筛查系统，其在乳腺癌早期诊断中展现出卓越性能，准确率高达 97.3%。南京大学中医药信息研发的"岐黄问道·大模型"可依据患者的"疾病—症状—体征"信息，输出辨证结果、治则治法和中药方剂。

下面展示的两张图是北京协和医院于 2025 年 3 月 1 日发布的"协和智枢"医学大模型，"协和智枢"装载了"满血版 DeepSeek-R1+ 量子安全"的双技术体系，且搭配专业书籍、核心论文、前沿指南共识等知识库，以及北京协和医院百年积淀的高质量病例，这样的大模型无疑能够大幅度降低大模型幻觉的问题。

除此之外，还可以通过医生反馈和强化学习，不断优化模型，纠正幻觉产生的错误；或者在模型训练前，对医疗数据进行严格筛选和清洗，去除错误、不完整或有偏差的数据，然后凭借着自身拥有的这些高质量数据对大模型进行微调，从源头减少幻觉产生的可能性。

值得关注的是，2025 年最新发布的《医疗健康行业大模型合成服务治理规范》为模型开发设立了安全边界，要求算法必须通过临床路径验证，这标志着行业已经转向规范发展。

第 7 章

DeepSeek 在政务领域的应用实战

DeepSeek 能够在哪些方面提升政务效能

DeepSeek 通过自然语言处理、大数据分析、深度学习等技术，能为政务服务提供智能化支持，覆盖政策咨询、文件处理、决策分析、跨部门协同等全流程。其核心价值在于将传统依赖人工的标准化、重复性工作进行自动化处理，同时通过数据挖掘辅助复杂决策的制定，使办公服务效率得到指数级提升。

下面针对不同的部门机关列出了一些 DeepSeek 可以降本增效的着眼点。

市场监督管理局

市场监督管理局可依托 DeepSeek 通过文档识别与规则引擎的结合，自动校验审批材料的完整性及合规性，减少人工审核中的疏漏与重复劳动。借助自然语言处理技术对申请材料进行语义解析，智能预判潜在的材料缺失、格式错误或逻辑矛盾，实时向申请人反馈修正建议，缩短材料补正周期。同时，基于历史审批数据的深度学习模型，可动态优化流程节点配置，推动审批服务从"串联式"向"并联式"转化，实现"即申即审"的高效响应。

例如，北京市市场监督管理局针对以往企业登记注册中申请人因不熟悉法规政策导致咨询效率低、材料准备耗时长的问题，通过接入 DeepSeek 大模型技术实现服务升级。此前，该局政务咨询主要依赖人工热线（近百个席位）和窗口服务，存在等待时间长、无法即时响应的痛点，而传统官网的"预置问答"模式也难以精准匹配用户多样化的需求。2025 年 3 月 4 日，该局正式上线了基于 DeepSeek 的智能问答助手"市监小 e"，公众可通过"企业服务 e 窗通平台"体验 7×24 小时在线咨询服务。下图是北京市市场监督管理局关于上线"市监小 e"的新闻页面。

该助手依托大模型的语义理解、自主学习与智能推理能力，显著提升服务效能，能

够精准识别意图，支持纠错与方言识别，解析复杂口语化问题，准确率达 90% 以上。同时，动态知识更新功能可同步《中华人民共和国公司法》修订、注册资本改革等政策，构建"25+ 大类"业务模型，自动校验地址、股权等合规性。这一举措大大缩短了市民办事的时间。

民政局

民政局可通过 DeepSeek 优化社会救助与基层治理。整合低保申请、孤寡老人档案等数据，构建智能审核模型，自动匹配救助政策并生成个性化帮扶方案。在婚姻登记场景，支持语音交互解答流程疑问，减少窗口咨询压力。例如，深圳福田区通过 AI 分拨民生诉求，准确率从 70% 提升至 95%，显著提高服务精准度。

司法局

司法局可部署 DeepSeek 辅助法律文书生成与司法决策。基于海量法律条文和判例库，一键生成行政复议决定书、调解协议等文件，效率提升 80%。同时，通过语义分析技术解析信访材料，自动分类转派并生成答复建议。未来可扩展至社区矫正人员风险评估，结合行为数据动态生成矫正方案，提升社会治理效能。

卫生健康委员会

卫生健康委员会可通过 DeepSeek 优化医疗资源配置与公共卫生响应。构建疾病传播预测模型，关联门诊数据、药品库存及人口流动信息，智能生成分级诊疗方案。在应急处置中，支持通过语音交互调取传染病防治指南，并通过多模态报告自动生成疫情研判摘要。例如，南京"宁安晴"模型已实现救灾物资的智能匡算匹配，类似技术可迁移至疫苗分发优化。

住房和城乡建设局

住房和城乡建设局可利用 DeepSeek 强化工程质量监管与城市更新规划。通过图像识别分析施工监控视频，自动抓取安全帽佩戴不规范、脚手架搭设违规等隐患，实时推送整改通知。在老旧小区改造中，智能匹配居民需求与政策标准，生成改造方案优先级清单。例如，郑州城建局通过 AI 判断工地风险，显著提升施工安全水平。

为基层执法部门构建执法普法新范式

基层执法部门的难点及 AI 时代的解决方法

当前基层执法面临多重现实困境，主要体现在人力资源与专业能力不足、执法资源与技术手段匮乏、法律法规复杂性与适用难题，以及协作机制与公众信任缺失等方面。

基层普遍存在"人少质弱"的问题，执法人员数量不足且专业素养参差不齐，部分应急管理人员甚至缺乏基础专业知识，导致执法误判。

法律法规的复杂性和碎片化体系也增加了执法难度，部分法规与基层现实脱节，导致执法权限模糊。

此外，部门间信息共享不畅、职责划分模糊，加之群众对执法的抵触心理，使得执法人员常陷入"既要权威性又需温度"的两难境地。

引入 DeepSeek 等人工智能工具后，基层执法人员可以通过自然语言交互，利用 DeepSeek 实现法律条文"秒级匹配"，大幅提高了法律检索与决策制定的效率。

例如，在处理违规建设案件时，系统几分钟内精准定位相关条款，较传统人工查阅效率提升超 90%。同时，DeepSeek 内置多维度法律库与案例库，可规避执法人员主观疏漏，确保调解建议兼具法理性与实操性。帮助执法人员在现场同步开展普法教育，缓解群众的抵触情绪。

使用以 DeepSeek 为代表的智能化技术赋能基层工作，能够让基层工作人员把更多的时间和精力放在服务群众上，促进基层工作减负增效。

成功案例

2025 年 2 月，广东江门市完成了人工智能大模型 DeepSeek 本地化部署，通过联动深圳市政务和数据局、中国移动江门分公司，依托江门市智算中心，为江门市政务领域提供统一的智算底座和中台服务。经过一段时间试运行，取得了良好的效果。

例如，江门下辖的大槐镇开展平安夜访、萤火虫行动走访入户时，教会居民、村民使用文字、语音向 DeepSeek 提问，直接获取所需的政策信息，推动政府信息公开从"公示栏张贴"转向"指尖互动"，实现"群众诉求驱动治理优化"的良性互动循环。特别是在年轻群众中，逐步出现"我们先查查 DeepSeek，问题一下就少了许多！"

江门大槐镇一男子陈某在新建自建房过程中，由于遮挡不全面，施工泥浆溅落到邻居墙面，又因未及时清洗而硬化，导致多面窗户轨道受损无法使用。面对这一纠纷，大槐镇工作人员现场借助 DeepSeek 对此问题进行梳理，仅仅用了 24 秒就迅速找到《中华人民共和国民法典》以及《中华人民共和国环境保护法》相关具体法律依据。一方面，就如何维护邻居的正当权益进行详细说明，包括证据的收集、协商、调解的便利、诉讼成本等；另一方面，就如何向陈某说明其可能承担的法律责任、对方损失估算所要面临的赔偿估算、施工队施工资质、潜在问题追加责任等进行详细说明。经过工作人员的普法释法，双方均主动配合调解，当天便达成共识，邻里重归和睦。

又如，2025 年 2 月 17 日，大槐镇沙栏村委会牛山村西南边山头发生火情，经全力扑救，明火于当天 14 时 20 分被扑灭，过火面积约 600 平方米，未造成人员伤亡。为迅速配合公安机关侦破案件，大槐镇综合行政执法办工作人员使用 DeepSeek 对事件进行重构模拟分析，分析案件可能的突破口，辅助查明起火原因。

经排查，是沙栏村委会牛山村群众李某开垦耕地点燃田间杂草，引燃附近山林，风助火势，迅速引燃所致。使用 DeepSeek，可以更加严谨高效地推进行政立案，有效推动两法衔接，仅用三个多小时便协助侦破该宗失火案，失火嫌疑人对其行为供认不讳，被公安机关依法给予行政拘留 10 天处理。

为新闻宣传部门提高效率

快速撰写 3 类常见文书

新闻及宣传部门借助 DeepSeek 撰写常见文书，能够显著提升内容生产的效率与标准化水平。

例如，只要上传政策及会议资料，就能够使用下面展示的提示词，快速写出一篇重点突出、逻辑清晰的宣传公文。

> 我是一名乡镇宣传工作人员，今天我所在的乡镇召开了一场"履行职责事项清单编制工作动员部署会"，现在我需要写一篇关于这场动员部署会的宣传报道信息。我已经收集整理了与动员部署会相关的素材信息并上传给你，我希望你能够参考我上传的素材信息的格式和内容，写一篇我乡镇的动员部署会的宣传信息，要求行文严谨、文章内分段小标题对称、用词准确。

如果希望使用 DeepSeek 直接写作出符合标准的文书，需要掌握一定的指令技巧，下面汇总归纳了撰写 3 类常见文书的指令。

一、行政公文类

（1）通知生成指令

> 请基于上传的【某政策文件 / 会议纪要】内容，起草一份关于【政策名称】落实工作的通知，需包含以下要素。
>
> ① 政策核心要求（分点列出）
>
> ② 执行部门分工
>
> ③ 完成时限
>
> ④ 结尾附联系人（【姓名 + 职务】）
>
> 格式要求：语言简洁，用"特此通知"结尾。

（2）报告生成指令

请根据上传的［季度工作数据表］和［上级考核指标］，撰写［某专项工作］总结报告。

结构要求：

① 成效部分

· 指标完成率对比（用百分比突出超额／滞后部分）

· 提炼 3 条创新做法

② 问题部分

· 分析两个末达标问题

· 提出改进建议

③ 计划部分

格式要求：数据加粗显示。

二、事务文书类

（1）工作总结生成指令

基于上传的［工作台账］、［月度工作总结］、［季度工作总结］和［领导讲话要点］，撰写［某部门］年度总结。

结构要求：

① 分板块

· 党建

· 经济

· 民生

② 核心数据对比

· 去年增长率（表格呈现）

③ 问题部分

· 引用［群众反馈记录］中的典型案例

附加内容：结尾增加 3 条"下一步计划"。

（2）工作计划生成指令

请根据上传的［上级下达任务清单］和［本地发展规划］，制订［某领域］季度工作计划。

量化要求：

① 目标（如完成率≥90%）

② 责任分解

· 牵头单位：［××］

· 配合单位：［××］

③ 进度节点（如［3 月底前完成试点］）

三、汇报与检查类

（1）工作汇报生成指令

请整理［某专项工作］迎检汇报材料。

重点突出：

① 亮点成效（对比［上级考核标准］的超额完成项）

② 特色经验（提炼 3 条可复制的做法）

③ 存在问题（用"由于［××］限制导致［××］"弱化责任）

格式要求： 每部分配 1～2 个案例，字数控制在 2000 字以内

（2）对照检查生成指令

请根据［民主生活会征求意见表］，撰写个人对照检查材料。

聚焦方向：

① 思想政治（如"学习［××政策］不深入"）

② 履职尽责（如"［××项目］推进不力"）

③ 作风纪律（引用［群众投诉记录］）

整改措施： 具体到"每月开展［××］""建立［××台账］"等动作。

使用说明如下。

① 变量替换：所有［ ］标记处需替换为实际内容。

② 文件上传：建议配合 Deep Seek 的"上传文件"功能调用背景资料。

③ 格式优化：箭头符号"→"可替换为"•"或数字序号。

④ 扩展应用：同类指令可交叉组合使用（如"请示＋报告"嵌套生成）。

不良舆情管理

管控不良舆情是维护社会稳定的重要保障，不良信息在网络空间的快速扩散可能引发群体性恐慌或激化社会矛盾，冲击社会道德底线并危害公共安全秩序，这也是失德失信网红被全网屏蔽的原因之一。通过主动干预遏制负面效应的蔓延，及时回应公众关切可避免"信息真空"导致的信任危机，所以每一级新闻及宣传部门都需要有舆情管理与管控能力。

传统的不良舆情管理流程通常遵循"监测—评估—应对—整改"的线性模式。这一流程存在响应滞后、信息整合效率低等问题，例如人工监测难以覆盖全平台数据，舆情分析依赖主观判断，且整改措施往往停留在"被动灭火"层面，缺乏对舆情的动态追踪和长效治理机制。

但在宣传部门接入 DeepSeek 后，则可以更加高效地对舆情进行管理，实现对舆情信息的全天候监测与精准溯源。由 DeepSeek 赋能的综合信息系统，将具有快速对社交

媒体、短视频、论坛等网络平台中的海量信息进行交叉分析的能力，通过分析识别文字、图片快速锁定"爆点舆情"的传播源头，为官方辟谣争取黄金时间。同时实时关联事件、机构等关键要素，将碎片化信息整合为系统化的传播路径，以便于形成完整的溯源。

梳理传统招商引资流程

传统的招商引资流程可以概括为以下 5 个核心阶段。

前期准备：通过市场调研明确区域产业定位，绘制产业链图谱并筛选符合"三个匹配"原则的目标企业。

接触洽谈：主动推介区域优势（如税收、土地、配套等），开展"一企一策"专项谈判，整合产业链资源与政策支持。

考察评估：组织企业实地考察并优化展示路线，同步评估企业风险，修订合作方案及拟定权责分明的合同条款。

签约落地：举办签约仪式强化品牌曝光度，通过"一对一"服务团队协助企业完成审批手续，并以"以商招商"延伸产业链。

总结优化：分析落地项目数据及企业反馈，迭代招商策略，重点优化政策有效性与产业协同性。

在这个过程中，工作人员要做大量文案写作、资料汇总与分析工作，有时要花费数月甚至更长时间，但实际上，如果在工作过程中能够运用以 DeepSeek 为代表的 AI 工具，则可以大幅提升效率。

例如，深圳市福田区接入 DeepSeek 后企业筛选效率提升 30%；闵行试验区利用 DeepSeek 完成企业背调耗时缩短 90%；临沂市则通过智能合约管理规避法律风险。

利用 DeepSeek 分析自身优势并梳理政策

招商引资工作的第一步就是"知己"，这样才能根据自身的禀赋找到适合的企业。

在这个流程中，工作人员可以尝试使用 DeepSeek 进行目标产业链分析，输入目标行业（如新能源、生物医药）的关键词，生成产业链图谱、上下游企业清单及技术趋势报告。例如，可提问："分析动力电池产业链的全球头部企业、技术瓶颈及潜在合作机会"，结合企业财报、专利数据等附件进行多维度分析。

通过分析初步了解目标市场的市场规模、增长趋势、消费者偏好和行业竞争态势，为下一步找到目标企业打好基础。

在这个过程，还要结合 DeepSeek 从地理位置、人力、区位、经济、产业基础、资源禀赋等方面进行分析，以确定具体的招商政策，为编制招商手册及投资建议书做好准备。

对企业进行深入分析

在招商引资过程中，对企业进行分析，并将分析结果与需求匹配是必不可少的工作环节。在这个环节中，工作人员要对目标企业的公开资料如年报、财报、新闻稿、产品等进行细致分析。如果没有科学有效的方法，这将是一个非常有难度的工作，而如果能够在工作中善于运用具有强大逻辑推理能力的 DeepSeek，则可以快速得到分析结果。

例如，上海马桥人工智能创新试验区引入了 DeepSeek，提高了企业分析速度，降低了法律风险，成为招商团队的得力助手，极大地改善了传统的企业审查方式。

使用 DeepSeek 定制企业招商方案

在招商工作中，定制化方案的设计是吸引企业投资的关键环节。在传统流程中，这一任务依赖经验丰富的招商人员，耗时耗力且难以保证精准性。然而，在 AI 时代，DeepSeek 的出现为这一流程带来了革命性变革。通过输入本地产业基础、土地资源、政策优势等数据，DeepSeek 能够快速生成高度定制化的招商方案，显著提升效率与精准度。

成功案例

2025 年 3 月 6 日，贵阳产控集团旗下贵州招商易科技服务有限公司宣布，DeepSeek 本地化应用已登录招商易平台的手机端和电脑端，为当地招商引资注入了"数智化"新动力，如下图所示。

该平台运行的宗旨是通过大数据技术与传统招商业务的深度融合，重构招商流程，实现了全国企业信息查询、本地资源管理及招商流程监测的一体化，是当地招商引资的重要工具。

通过在平台上部署 DeepSeek，在政府端有效解决了招商人员分析研判企业不精准、专业性不强等问题。招商人员只需输入企业名称，即可一键生成包含企业基本信息、投资能力分析、行业发展前景分析的评估报告，为招商工作提供了强有力的数据支持。

在企业端实现了只需通过语音或文本提问，即可快速获取本地产业和招商载体的详细信息，且可以进行复杂的查询与交互，大幅度减少了窗口咨询的频率。

为文旅部门寻找热点

DeepSeek 如何助力文旅部门提升效能

在传统文旅产业的发展中，管理部门与游客面临着多重系统性难题。文旅部门常受困于同质化开发与粗放式运营，大量景区陷入"千镇一面"的困境，仿古建筑与民俗园区徒有形制却无文化内核，游客体验停留在浅层消费；而数据孤岛与低效管理更导致客流调控滞后，高峰期景区超载、投诉响应迟缓等问题频发，如部分景区因缺乏实时监测技术，旅游大巴违规运营、购物点强制消费等现象难以根治。游客则长期面临信息过载与体验降维的困扰，行程规划需耗费数日筛选海量攻略，实际游览时常遭遇"照骗"景点、虚假评价误导，甚至因交通住宿信息更新延迟影响行程，部分文化景区解说流于表面，历史场景沦为静态展陈，难以激发情感共鸣。

包括 DeepSeek 等 AI 工具可以在一定程度上为这些痛点提供解决方案。

例如贵州文旅部门推出的"AI 游贵州"系统，通过思维链推理技术动态平衡景点的关联性与交通耗时，为游客生成劳逸结合的个性化行程，使规划效率提升 40%；杭州"智慧文旅大脑"则利用时空数据建模实时解构游客"人—地—时"三维关系，在西湖等热门区域实现高峰期客流分流效率提升 40%，并通过 AI 视频分析秒级识别旅游大巴违规停靠等行为，将投诉响应缩短至 8 分钟。在提升文化体验维度方面，滕王阁景区借助 AI 打造虚拟数字人"王勃"，以诗词对话的形式重现《滕王阁序》创作场景，游客可解锁隐藏的历史剧情；敦煌莫高窟则通过壁画图像、文献音频与 AR 导览融合，构建"数字供养人"互动系统，游客扫码即可参与壁画修复并生成专属数字藏品，使千年文化突破物理边界；颍上县上线的"一部手机游颍上"平台，通过 AI 解析游客兴趣图谱，实现从行前规划到消费服务的全链路闭环，景点解说与酒店预订的秒级匹配让游客全程无忧。

利用 DeepSeek 打造智能伴游助手

打造智能伴游助手，可以说是各地文旅部门最容易落地，且实用性最强的创新举措之一。

首先，从游客的角度来看，智能伴游助手就像是一位贴心的私人导游。它可以为游客提供全方位的行程规划服务，根据游客的兴趣爱好、时间安排和预算，量身定制个性化的旅游路线，避免游客走冤枉路、错过精彩景点。

在这方面，黄山文旅部门可以说是国内第一个"吃螃蟹"的，在 2025 年 2 月就已经全面接入了 DeepSeek，打造出了新一代的 AI 伴游助手，运行界面如下图所示。

在游览过程中，智能伴游助手能实时提供景点讲解，游客只需对着手机说出景点名称，就能获取详尽的历史背景、文化内涵和趣味故事。这种互动式的讲解方式，比传统的导游讲解更加生动有趣，也更具个性化。交流的方式不限于语音与文字，还可通过"照片识景"的方式，通过游客上传的照片智能识别景点，并生成多种语言的景点讲解。

全新的语音操作让游客说句话就能买门票，一键购票效率提升 50%。基于地理位置的 AI 功能，能根据游客所处位置动态推荐门票、车票、酒店、游览服务，还能通过微信、支付宝订阅消息实时发送周边餐馆、特产店折扣等。

黄山之旅完成后还可生成专属旅行日记，让游客留下温馨美好的回忆。

利用 DeepSeek 智能规划旅游线路

虽然，飞猪、马蜂窝、同程旅行等旅游平台目前均接入了 DeepSeek，用于为游客提供旅游规划方案。但各地的文旅部门仍然有巨大的发挥空间，因为上述平台的数据优点是范围广，但在针对性及即时性方面与旅游当地的文旅部门还有一定的距离。

例如，河池文旅局在其公众号嵌入了 DeepSeek，如下图所示，实现了个性线路推荐，并准备进一步打通文旅局、交通局、气象局的多维数据孤岛，实时同步景区票务数据及交通调度信息，在线路规划中精准预判盘山公路拥堵时段，可以推荐错峰游览方案，甚至结合水文监测数据规避雨季滑坡风险路段，使生成的线路不仅包含网红打卡点，更能嵌入"凤山三门海天窗群最佳拍摄时段""东兰铜鼓节非遗展演排期"等独家信息，让行程规划更有看点、更合理。

利用 DeepSeek 快速生成宣传文案

凭借强大的自然语言处理能力，DeepSeek 可以快速生成高质量的商旅文宣传文案、旅游攻略等内容。例如，为特定景区或文化活动撰写引人入胜的推介文章，吸引更多消费者的关注，网上一度流行大量的题为"DeepSeek，你是懂××（城市名称）"的城市文旅宣发内容如下图所示。

利用 DeepSeek 将宣传重点与社会热点相结合

除了生成通用性的宣传文案，DeepSeek 还可以轻松地将文旅部门希望宣传的重点与当前热点结合起来。例如，下图所示为西安文旅部门结合影视《长安十二时辰》所撰写的宣传文案。

成功案例

2025 年 2 月，张家界市文旅广体局以 DeepSeek 为核心引擎，上线了最新版本的张家界智慧文旅平台，如下图所示。

融入 DeepSeek 后，张家界智慧文旅平台实现了前端客流相机 +DeepSeek 视频分析，能实时监测旅游大巴轨迹、购物点滞留等违规行为，守护旅游市场秩序。

商户管理系统实现了预订—收单—结算全流程自动化，同步智能推荐景区热销商品，助力商家增收 30%。VR 预览、语音搜索、数字孪生导览等 DeepSeek 增强功能，能让"排队少 10 分钟、游玩多 1 小时"成为常态。

第 8 章

DeepSeek 在高效生活方面的应用实战

健康计划制订

健康是人生幸福的基础，而科学的管理方式能有效预防疾病、提升生活质量。不同年龄、体质、生活习惯的人对健康需求各异，普适性的健康计划难以精准适配个人的运动、饮食、作息。而利用 DeepSeek 制订健康计划，可依据大量用户健康数据和医学研究，快速生成高度个性化方案。通过精准分析用户身体指标、生活方式，给出科学合理的运动强度、饮食搭配建议，还能根据实际执行情况动态调整计划，确保计划始终贴合用户健康需求。

下面是在 DeepSeek 中使用的示例提示词。

我今年 30 岁，办公室职员，长期久坐，身体免疫力下降，经常感冒。日常饮食不规律，爱吃外卖。想制订一个为期 3 个月的健康计划，包含每周运动规划，运动要简单、易操作，可利用办公室或家中空间进行。每日饮食搭配要考虑食材易购性和低热量，同时提供作息调整建议，让我能逐渐养成早睡早起的习惯。

DeepSeek 输出的内容如下。

以下是为您制订的 3 个月健康计划，结合运动、饮食、作息三方面，兼顾办公室场景和居家可操作性。

一、运动规划（每周 5 天，每次 15 ～ 20 分钟）

第 1 ～ 4 周：基础适应阶段

1. 晨间唤醒（每天）

颈部伸展：用头写"米"字

靠墙深蹲：每次 30 秒 ×3 组

2. 办公室微运动（每小时 1 次）

踮脚尖接水：每次 30 次

椅子扭转：双手推椅背转腰，左右各 10 次

3. 晚间放松（每周 3 晚）

腹式呼吸：睡前平躺 5 分钟

婴儿式拉伸：跪坐前趴保持 30 秒

第 5 ～ 8 周：强度提升阶段

1. 午间训练（每周 3 次）

改良波比跳（手撑桌面）：10 次 ×3 组

台阶踏步：利用楼梯 / 凳子交替踏步 3 分钟

2. 碎片化力量

门框引体：每次 5 个 ×4 组（门框悬挂）

水瓶侧平举：500ml 水瓶替代哑铃

……

菜谱推荐与营养分析

饮食是健康的核心，但如何搭配出营养均衡的餐食却让许多人感到无从下手。尤其是在饮食多元化的当下，人们既追求美味，又非常注重营养均衡，就更难以确定食谱，因此，许多忙碌的人士不得不用"随便"来对付。但实际上，每个人都可以依靠 DeepSeek 快速筛选搭配出符合用户口味、营养需求及食材限制的菜谱，而且还能对食谱中各食物的营养成分进行细致入微的分析，甚至能根据用户的特殊健康状况，如糖尿病、高血压等，提供具有针对性的营养建议和菜谱调整方案。

下面是在 DeepSeek 中使用的示例提示词。

我是一名健身爱好者，同时对海鲜过敏，最近想要增肌。请推荐一些富含优质蛋白质、低脂肪且适合健身人士的菜谱，详细分析每个菜谱中蛋白质、碳水化合物、脂肪等营养成分的含量，以及这些营养对增肌的作用。另外，希望菜谱所用食材在普通超市容易买到，烹饪步骤不要过于复杂。

DeepSeek 输出的内容如下。

根据你的需求（健身增肌、海鲜过敏、易获取食材），结合多篇专业食谱和营养学建议，为你推荐以下 5 道低脂高蛋白菜谱，并附详细营养分析及增肌作用解读。

一、香煎鸡胸肉配藜麦沙拉

食材（2 人份）：鸡胸肉 300g、藜麦 100g、西兰花 200g、黄瓜 1 根、樱桃番茄 100g。

蛋白质：40g/ 人 | 碳水：35g/ 人 | 脂肪：6g/ 人。

营养亮点：鸡胸肉是典型的低脂高蛋白（31g 蛋白质 /100g），含支链氨基酸（BCAA）促进肌肉合成；藜麦含 9 种必需氨基酸和复合碳水，提供持续能量；西兰花富含维生素 C 和膳食纤维，促进肌肉修复。

烹饪步骤：

1. 将鸡胸肉切片，用黑胡椒 / 盐腌制 15 分钟。

2. 将藜麦煮 15 分钟后与焯水后的西兰花、生切蔬菜混合。

3. 用橄榄油低温煎鸡胸至两面金黄（每面 4 分钟）。

……

情感陪聊

在现代社会，情感压力无处不在，而倾诉是缓解压力的重要途径。因此，情感陪聊在快节奏、高压力的生活中有着不可替代的价值。但在实际生活中，很难找到一位能够全天候陪伴在身边、随时倾听自己内心声音的人。在这种情况下，不妨与DeepSeek "化身" 而成的虚拟聊天对象聊天，它能通过对语言、情绪的智能识别，迅速理解用户的情绪状态，并以丰富的情感模型和对话策略，给予温暖、贴心且具有建设性的回应。如同一位专业心理咨询师随时陪伴在侧，DeepSeek 帮助用户更好地应对情感问题，在孤独与压力中找到心灵的慰藉。

下面是在 DeepSeek 中使用的示例提示词。

> 最近我失恋了，心情非常低落，做什么都提不起兴趣。工作上也开始走神，效率变低。想和你聊聊，帮我分析一下如何从失恋的阴影中走出来，缓解现在低落的情绪，并且给我一些建议，怎样调整状态，重新投入到工作和生活中。

DeepSeek 输出的内容如下。

面对失恋带来的情绪低谷，你需要一个循序渐进的调整过程。以下是综合心理学建议和实际案例总结的方法，希望能帮助你逐步走出阴霾。

一、情绪处理：接纳与释放

1. 允许自己悲伤

失恋后的痛苦是正常的生理和心理反应，无须压抑或否定。研究表明，情绪压抑会延长恢复周期，而适度宣泄能促进身心平衡。可以通过写日记（如记录 "今天最难受的瞬间"）、听音乐或对着镜子倾诉来释放情绪。

2. 认知重构

将 "我被抛弃了" 转变为 "这段关系让我更了解自己需要什么"。建议用思维导图分析这段感情的收获与教训，例如列出 "我学会了哪些沟通技巧" "未来要避免哪些相处模式"。

二、调整生活节奏：重建秩序感

1. 制订微目标计划

从每天完成三件小事开始，如 "整理书桌 30 分钟" "读完 20 页书" "做健康早餐"。这些具体可量化的行动能帮助恢复对生活的掌控感。工作低效时可尝试 "番茄工作法"（专注 25 分钟 + 休息 5 分钟），逐步恢复专注力。

2. 身体能量管理

每日保证 7 小时睡眠（22：30 前入睡），进行 30 分钟有氧运动（如快走、跳绳）。运动能促进内啡肽分泌，改善抑郁情绪。可尝试 "环境疗法"，如更换床品颜色、添置绿植，通过视觉刺激来调节心情。

……

育儿知识问答库

育儿是每个家庭的重要课题，由于不同年龄段孩子存在不同的成长问题，因此，其过程充满挑战。对每一位新手爸妈来说，从喂养、睡眠、教育、到心理发展，他们可能在任何一个环节遇到问题，此时，一位专业的育儿顾问就显得特别重要。他能够凭借着丰富的育儿经验和专业知识，满足家长在育儿过程中广泛的知识需求。在 AI 时代，DeepSeek 可以扮演这个角色，无论是深夜的突发疑问，还是日常的育儿困惑，新手爸妈都可以通过与 DeepSeek 即时交互，获得科学、精准且个性化的育儿建议，让育儿之路更加从容和自信。

下面是在 DeepSeek 中使用的示例提示词。

> 我家宝宝 4 岁，是个小男孩，最近变得很叛逆，总是和大人对着干。吃饭的时候特别不老实，边吃边玩。在幼儿园也不太愿意和其他小朋友分享玩具。想知道针对这个年龄段孩子的叛逆行为该怎么引导，如何培养他良好的用餐习惯，以及怎样教导他学会分享，提高社交能力。

DeepSeek 输出的内容如下。

针对 4 岁男孩的叛逆行为、用餐习惯和社交能力培养问题，综合相关专业建议，下面分三个方面为您提供系统性引导方案。

一、叛逆行为引导策略

1. 了解叛逆的本质

4 岁是自我意识觉醒期，叛逆是探索独立性的表现。需避免标签化孩子的行为，而是通过观察了解具体需求（如寻求关注或渴望自主权）。建议每天安排 15～20 分钟专注陪伴时间，让孩子感受到被重视。

2. 设定清晰的规则

建立简单明确的家庭规则（如"饭前洗手""玩具轮流玩"），保持教育的一致性。可采用"选择式指令"代替命令，例如："想先吃青菜还是肉肉？"当孩子遵守规则时，用具体语言表扬："今天主动收拾玩具特别棒！"

3. 情绪疏导技巧

当出现对抗行为时，先共情再引导："妈妈知道你现在很生气，但扔玩具会弄坏它，我们一起深呼吸好吗？"可制作情绪卡片帮助孩子识别感受，逐步培养情绪表达能力。

二、用餐习惯培养要点

1. 建立就餐仪式感

固定用餐时间和位置，提前 10 分钟预告就餐时间，让孩子做好心理准备。使用儿童专用餐具（如带吸盘碗、防滑勺），降低操作难度，增加自主进食的信心。

……

家装设计方案优化

家装是提升生活品质的重要环节，但如何设计出既美观又实用的空间却让人头疼。虽然可以让室内设计公司给出专业的设计方案，但高昂的费用和漫长的沟通流程，还是无法完全满足个性化需求。此时，不妨在寻找装修公司前，先借助 DeepSeek 进行初步规划，因为 DeepSeek 能够根据用户的户型、预算和风格偏好等个性化需求，生成多种设计方案供用户选择。例如，DeepSeek 可以通过分析空间布局、采光通风等因素，给出合理的家具摆放、色彩搭配建议，还能根据用户预算进行成本控制和材料推荐。因此，只要熟练运用 DeepSeek 的智能设计功能，每一个新业主就能够既掌控设计主动权，又节省时间和成本，还能打造出理想中的家居环境。

下面是在 DeepSeek 中使用的示例提示词。

我买了一套二手房，户型是传统的三室一厅，客厅比较暗，卧室空间不大。我喜欢简约北欧风，预算在 8 万元左右。请根据户型图为我设计几套装修方案，重点改善客厅采光问题，合理规划卧室空间，使其更具收纳功能。同时提供家具摆放建议、色彩搭配方案及符合预算的材料清单。

DeepSeek 输出的内容如下。

根据您的需求和预算，结合北欧风格的特点及空间优化原则，我为您设计了三套装修方案，涵盖采光改善、收纳规划、家具布局、色彩搭配及材料清单，以下是具体方案。

方案一：开放式布局 + 多功能收纳

核心思路：拆除非承重墙，打通空间，引入自然光，结合定制家具提升收纳效果。

1. 客厅采光优化

墙面改造：拆除阳台与客厅之间的隔墙，改用玻璃推拉门或折叠门，增加自然光和通透性。

浅色基调：给墙面涂刷米白色乳胶漆（如立邦"菱花白"），地面铺浅灰色哑光瓷砖（800mm×800mm 规格，单价约 80 元/m²）。

辅助光源：安装嵌入式筒灯（单价约 30 元/个）和轨道射灯（单价约 50 元/组），搭配鱼线吊灯（参考网页 1 案例，预算约 200 元）。

镜面反射：在沙发背景墙增设窄边框装饰镜（1.5m×0.8m，预算约 300 元），增强光线折射。

2. 卧室空间规划

主卧：定制通顶衣柜（2.4m 宽 ×2.7m 高），内部设置悬挂区 + 抽屉层架（板材选 E0 级颗粒板，投影面积单价约 600 元/m²）。床下设计储物抽屉（高箱床，预算约 1500 元）。

次卧：采用榻榻米 + 书桌一体化设计（板材预算约 4000 元），在榻榻米下方设置大容量储物格，在书桌上方安装悬浮式书架（预算约 500 元）。

儿童房：利用墙面安装洞洞板（预算约 200 元）和吊柜，搭配可调节高度的学习桌（参考网页 3 案例，预算约 800 元）。

……

宠物疾病自查手册

宠物健康是每位宠物主人的牵挂，但如何及时发现和应对宠物疾病却让人担忧。宠物无法言语，生病时不易察觉症状，及时准确判断病情至关重要。不少宠物的主人唯一能采取的方法就是当宠物出现明显异常时去宠物医院，但频繁就医的费用是很高昂的。其实，大量宠物的常见问题完全可以通过与 DeepSeek 的智能交互来解决，因为 DeepSeek 有大量宠物病例数据，可以根据详细的疾病症状描述，给出可能的病因分析，以及初步应对措施。此外，DeepSeek 还能根据宠物品种、年龄、病史等因素，给出更具针对性的自查建议和就医推荐，帮助宠物主人在第一时间采取正确行动，既可以节省费用又能保障宠物健康。

下面是在 DeepSeek 中使用的示例提示词。

> 我家金毛犬 5 岁了，最近发现它走路有点瘸，左后腿不敢用力着地，而且掉毛比平时严重很多。它平时吃的是专业狗粮，定期打疫苗和驱虫。请帮我判断狗狗可能得了什么病，需要采取哪些初步的护理措施，是否需要立刻带它去看兽医，如果需要，推荐一些本地靠谱的宠物医院。

DeepSeek 输出的内容如下。

根据您描述的症状（左后腿跛行、掉毛加重），结合您的金毛犬年龄和日常护理情况，以下是综合分析和建议。

一、可能病因分析

1. 髋关节发育不良（CHD）

金毛是髋关节发育不良的高发犬种，表现为后腿无力、走路摇晃、跳跃困难。若长期未干预，可能伴随肌肉萎缩和疼痛反应。

关联症状：掉毛可能与疼痛导致的长期压力或内分泌变化有关。

2. 关节炎或关节损伤

5 岁金毛已进入中年，关节炎风险增加，尤其是大型犬。症状包括关节肿胀、僵硬、活动减少，可能因疼痛导致掉毛（频繁舔舐或压力反应）。

3. 外伤或软组织损伤

检查脚垫是否有异物刺入，是否有指甲断裂或皮肤破损（如网页 1、4 提到的玻璃碎片或刺伤）。若近期有剧烈运动，可能引发肌肉拉伤或韧带损伤。

4. 髌骨脱位或神经损伤

虽然髌骨脱位更常见于小型犬，但金毛因运动过度或外伤也可能出现（如 II 级脱位表现为间歇性跛行）。神经损伤（如腰椎问题）可能导致后肢无力。

5. 皮肤病或内分泌问题

掉毛加重可能与皮肤感染（真菌／细菌）、过敏或甲状腺功能异常有关。若伴随瘙痒、皮屑，需排查皮肤病。

……

植物养护智能提醒

满屋绿色是许多人梦寐以求的家居环境，但植物养护却并非易事，因为不同的植物对光照、水分、温度等生长条件要求不同。因此，最常见的情况就是买的时候绿意盎然，但过一段时间却枯萎凋零。其实，与宠物诊疗一样，我们也可以借助 AI 科技的力量。DeepSeek 能够根据植物的种类、当前养植的条件，给出所需的光照时长、浇水周期等详细养护建议。还能提供植物常见病虫害防治知识，帮助用户更好地养护植物。因此，无论是新手还是资深植物爱好者，都能通过 DeepSeek 轻松打造属于自己的绿色家园。

下面是在 DeepSeek 中使用的示例提示词。

我养了一盆栀子花和一盆吊兰，最近进入夏季，天气炎热。栀子花的叶子上出现了一些黄斑，吊兰的叶子有点发软。请告诉我针对夏季高温环境，这两种植物的浇水频率、光照时间应该如何调整，是否需要施肥，以及如何防治可能出现的病虫害。

DeepSeek 输出的内容如下。

针对栀子花和吊兰的夏季养护调整建议如下。

一、浇水频率调整

1. 栀子花

频率：夏季高温水分蒸发快，需保持土壤微湿。建议每 2 ~ 3 天浇一次水，若土壤表面干燥较快（如使用透气盆或高温天气），可缩短至每天 1 次。

方法：选择在清晨或傍晚浇水，避开中午高温，避免根系因温差受损。浇透至盆底出水，忌积水烂根。

水质：优先用雨水或晾晒后的自来水，避免氯气伤害；可定期浇灌稀释的硫酸亚铁溶液（0.2% ~ 0.5%），预防黄化病。

2. 吊兰

频率：夏季需水量较大，建议每 2 ~ 3 天浇一次水，若环境干燥可早晚各浇一次，保持土壤湿润但不积水。

方法：沿盆边缓慢浇透，或采用浸盆法让土壤均匀吸水。若叶片发软，可能是缺水或根系受损，需检查盆土湿度及排水情况。

二、光照时间调整

1. 栀子花

光照需求：喜充足为散射光，夏季需避开正午强光直射（易灼伤叶片）。建议放置于东向或北向阳台，每日接受 4 ～ 6 小时柔和光照。

黄斑处理：若叶片出现黄斑，可能是光照过强或病害（如叶斑病），需移至半阴处，并喷洒代森锌 600 倍液防治。

......

旅行攻略智能生成

在信息爆炸时代，规划一次旅行需要收集大量信息，包括景点、交通、住宿、美食等。如果要提高旅行规划效率，笔者建议尝试使用 DeepSeek 进行智能规划，这样生成的旅行攻略能根据用户兴趣、时间、预算等需求，快速制定个性化行程，提升旅行体验。当旅行者到达后，还可以通过添加天气、交通状况等即时情况，让 DeepSeek 实时调整旅行攻略，确保旅行顺利进行。

除了使用 DeepSeek，还可以尝试使用已经接入了 DeepSeek 的专业旅行平台，如马蜂窝、飞猪、同程等。这些平台依托自身旅行数据，结合 DeepSeek 的智能规划能力，能够为用户提供更加全面、便捷的旅行规划、景点推荐。

下面是在 DeepSeek 中使用的示例提示词。

我打算国庆节和家人去成都旅游，一共 7 天。预算 2 万元，我们喜欢文化历史景点，也想品尝地道的成都美食，希望住宿环境舒适，出行方便。请根据我们的需求生成一份旅行攻略，包括每日详细行程安排、景点介绍及门票信息，推荐几家特色美食餐厅，以及合适的住宿地点。同时，考虑到国庆节游客较多，尽量安排避开人流高峰的游玩时间。

DeepSeek 输出的内容如下。

根据您的需求，结合国庆假期人流特点和成都特色，为您设计一份兼顾文化历史、美食体验和舒适出行的 7 日深度游攻略。

行程总览

预算分配：住宿 7000 元（4 星酒店家庭房）、餐饮 7000 元、门票及交通 4000 元、其他 2000 元。

核心理念：上午 7：30 前抵达热门景点避开人流，下午安排小众文化体验，晚上错峰用餐（18：00 前或 20：00 后）。

每日行程安排

Day 1：初识成都·慢生活启程

上午（避开人流）：

10：00 抵达双流机场→打车至春熙路酒店（推荐亚朵轻居太古里店，步行至景点方便，家庭房约 800 元/晚）。

下午：

14：00—16：00 宽窄巷子（清代古巷，免费，建议从支巷"小通巷"进入，避开主街人流）；

16：30—18：00 人民公园鹤鸣茶社（盖碗茶 20 元/位，体验掏耳朵 30 元）。

晚餐：

17：30 饕林餐厅（春熙路店）（辣子鸡、非遗白肉，人均 80 元，建议提前订位）。

夜游：

20：00 夜游锦江（东门码头乘船 60 元，灯光秀人少时段）。

……

婚礼筹备清单管理

婚礼筹备清单管理是策划一场完美婚礼的重要保障。婚礼筹备涉及众多环节和供应商，从场地预订、婚纱摄影到婚宴菜品、婚礼布置，事务繁杂。清单管理能让筹备工作有条不紊地进行，避免遗漏和混乱。在寻找婚礼酒店前，可以用 DeepSeek 做一份婚礼筹备清单，根据您的预算、婚礼规模和风格偏好，生成详细的筹备计划。其中包括时间节点、物料清单及注意事项，以确保每一个细节都得到妥善安排。

下面是在 DeepSeek 中使用的示例提示词。

我计划明年 10 月举办婚礼，预计有 150 位宾客，婚礼风格倾向于中式复古。目前还没有联系任何供应商，希望你能帮我制定一份筹备清单，按照时间顺序列出从现在到婚礼前需要完成的所有任务，比如场地预订、婚纱礼服挑选、婚礼策划、婚宴菜品确定等。同时推荐一些提供中式复古风格服务的优质供应商，并且协调好他们的档期，控制好预算在 15 万元以内。

DeepSeek 输出的内容如下。

以下是针对 2026 年 10 月举办的中式复古婚礼（150 人规模，预算 15 万元）的筹备清单及优质供应商推荐，按时间顺序梳理关键节点及执行要点。

第一阶段：婚礼前 9 ~ 12 个月（2025 年 3 月—6 月）

1. 确定婚礼主题与预算分配

主题设计：明确中式风格（如汉唐、明制、民国风）。建议以红色为主色调，搭配金色、香槟色提升质感，融入花轿、灯笼、龙凤纹等传统元素。

预算分配：建议按婚宴 40%（约 6 万）、婚庆服务 30%（约 4.5 万）、服装 10%（约 1.5 万）、其他杂项 20%（约 3 万）分配。

2. 预订婚礼场地

场地类型：优先选择古风庭院、中式宴会厅或户外园林，需提前考察场地层高、空间布局是否适合花轿入场及传统仪式。

推荐如下供应商。

上海伯妮婚礼策划（全国连锁）：提供场地勘察服务，擅长将酒店空间改造为中式喜堂，套餐含场景布置 2 ~ 3 万元。

万梦婚礼（全国连锁）：擅长古风场景搭建，含花轿、天地桌等道具租赁，基础套餐 3 万元起。

3. 签约婚庆公司及四大金刚

核心服务：选择提供全案策划的公司，包含司仪、化妆、摄影、摄像（四大金刚）及道具租赁。

推荐如下供应商。

婚礼世家·礼文化团队（山东）：专注中式婚礼，提供古礼流程设计（如三拜九叩、合卺礼），套餐含司仪及道具约 4 万元。

LK 高端婚礼定制（上海）：擅长沉浸式中式场景，含灯光秀及定制请柬，套餐 4.5 万元起。

档期协调：10 月为婚礼旺季，需提前 9 ~ 12 个月锁定团队档期。

……

家电维修故障诊断

在使用家电的过程中，家电难免出现故障，虽然现在有许多快速上门的家电维修服务，但众所周知，这样的服务在报价时通常是低价，但现场维修时往往要求客户支付更高的价格。所以，如果在维修之前就借助于 DeepSeek 对家电的问题进行预判，就能够提前了解故障原因和可能的维修成本，避免被不合理的收费所困扰。通过几次尝试，相信大家就会发现，其实有时小的问题，依靠 DeepSeek 的分析与指导，自己就能动手解决，既节省了费用又提高了动手能力。

下面是在 DeepSeek 中使用的示例提示词。

我家的洗衣机最近在脱水时震动特别大，还伴有很大的噪声，洗衣过程中也感觉洗得不太干净。洗衣机购买了 2 年，平时正常使用。请根据这些故障现象帮我分析可能的原因，提供详细的排查步骤和解决方法。如果需要更换零件，请告知大概的费用，以及附近有没有靠谱的洗衣机维修店。

DeepSeek 输出的内容如下。

根据您描述的故障现象（脱水时震动大、噪声大，且洗涤不干净），结合 2025 年最新维修指南和行业经验，以下是综合分析及解决方案：

一、故障原因分析

（一）脱水震动与噪声问题

1. 衣物分布不均

脱水时衣物堆积在滚筒一侧导致重心偏移，引发剧烈震动和金属撞击声。此问题常见于单件厚重衣物或少量衣物脱水。

2. 洗衣机放置不稳或底脚未调平

地面不平或底脚松动会导致共振，产生"铛铛"异响。需检查四脚是否稳固，是否垫有异物（如木板、泡沫）。

3. 减震系统故障

减震弹簧 / 支架脱落：弹簧松动或断裂时，脱水桶失去平衡，伴随"砰砰"异响。

轴承老化：轴承润滑不足或生锈会产生金属摩擦声，维修需更换整套轴承组件。

4. 内部零件损坏

皮带老化、电机支架螺丝松动或排水泵故障也可能引发异响。

（二）洗涤不干净问题

1. 内桶污垢积累

长期未清洁导致霉菌、皂垢附着在滚筒缝隙，二次污染衣物。

2. 洗涤剂使用不当

过量或过少使用洗涤剂、未按衣物材质选择程序，影响清洁效果。

3. 排水系统堵塞

滤网或排水管被纤维堵塞，导致漂洗不彻底。

……

车辆保养计划生成

车辆保养计划生成关系到车辆的性能和安全，这是相对比较复杂的事，其中涉及机油更换、轮胎检查、刹车系统维护等多个环节，对普通的用车人士来说，很难全面掌握这些专业知识。有许多图省事的车主会直接把车开到 4S 店，但这需要高昂的保养费用，且被推荐不必要的项目。因此，不妨借助 DeepSeek 的智能规划功能，使用 DeepSeek 做一个个性化的车辆保养计划，这样可以根据自己的车型、里程和使用习惯，精准选择保养时间和项目，以更低的成本实现更高效的车辆维护。

下面是在 DeepSeek 中使用的示例提示词。

我的车是丰田 RAV4 SUV，已经行驶了 3 万千米，平时主要在城市道路行驶，偶尔跑高速。最近感觉车辆启动时有点迟缓，刹车也不如以前灵敏。当前胎压监测显示左前轮 2.3 bar，右前轮 2.4

bar，左后轮 2.3 bar，右后轮 2.4 bar（标准胎压为 2.5 bar）。机油状态显示已行驶 8000 千米，距离上次更换机油已过去 8 个月。请根据车辆情况生成一份保养计划，包括需要保养的项目、保养的时间节点及预计费用。同时分析车辆启动迟缓、刹车不灵敏可能的原因及解决办法。

DeepSeek 输出的内容如下。

一、丰田 RAV4 3 万千米保养计划（基于当前车况）

1. 立即需要保养的项目

机油及机滤更换

当前已行驶 8000 千米/8 个月，超过全合成机油建议更换周期（1 年或 1 万千米）。建议更换 0W-20 全合成机油（费用 300～500 元），并同步更换机油滤清器。

胎压调整

当前胎压（2.3～2.4 bar）略低于标准值 2.5 bar。需补气至标准胎压，以改善刹车性能和油耗表现（免费或人工费约 20 元）。

刹车系统检查

包括刹车油含水量检测（建议更换周期为 2 年或 4 万千米）、刹车片厚度测量（正常应 ≥ 3mm）、刹车盘平整度检查。若刹车油含水量超标，需更换（费用 200～400 元）。

电瓶检测

启动迟缓可能与电瓶老化有关。检测电压及寿命，若低于 50% 建议更换（费用 500～800 元）。

2. 3 万千米常规保养项目

空气滤清器检查/更换

每 2 万千米检查，若滤芯脏污严重需更换（费用 100～200 元）。

燃油系统清洗

清除积碳，改善燃烧效率（费用 200～300 元）。

四轮定位及动平衡

预防轮胎偏磨，提升行驶稳定性（费用 200～400 元）。

……

保险方案对比分析

保险是所有家庭的托底保障，它能在意外发生时提供经济支持，帮助家庭渡过难关。然而，对普通人来说，不要说对比不同的保险方案，即便是通读并理解一份完整的保险合同，都是一项艰巨的任务。市场上保险产品众多，条款复杂，如果真要仔细对比，又需要耗费大量时间和精力。在这种情况下，不妨在寻找专业的保险人员之前，先用

DeepSeek 对自己感兴趣的保险方案进行对比分析。

DeepSeek 可以快速梳理大量保险产品信息，可视化解读复杂的免赔条款，直观呈现不同保险方案的优缺点。它能根据用户年龄、健康状况、家庭经济状况等因素，为用户筛选出最匹配的保险方案，并进行详细对比分析，帮助用户做出理性选择。在这个基础上，再寻找专业的从业人员进行深入咨询，这样就不至于被复杂的条款迷惑或做出不合适的决策。

下面是在 DeepSeek 中使用的示例提示词。

我今年 35 岁，单身，有稳定工作，年收入 18 万元。有社保，没有其他商业保险。最近想给自己买份保险，主要考虑重疾险和意外险，希望保障全面，保费控制在年收入的 5% 左右。请帮我对比分析几款适合我情况的保险方案，包括保障范围、保费价格、免赔条款等，推荐最适合我的保险产品。

DeepSeek 输出的内容如下。

根据你的情况（35 岁，单身，年收入 18 万，预算控制在 9000 元/年），以下是重疾险和意外险的对比分析及推荐方案。

一、重疾险方案对比

1. 昆仑健康保普惠多倍版（网页 2 推荐）

保障范围

必选责任：100 种重疾（不分组赔 2 次，首次最高 150% 保额）、25 种中症（60% 保额）、50 种轻症（30% 保额）、特定疾病（30 岁前 25 种重疾额外赔 100% 保额）。

可选责任：恶性肿瘤医疗津贴（确诊 1 年后每年给付 40% 的保额，最多 3 次）、身故/全残责任。

保费测算

30 万保额，保终身，30 年交：年保费约 6000 元（男性）。

优势

重疾多次赔付且不分组，适合长期保障。

35 岁仍可 30 年缴费，分摊保费压力。

特定疾病额外赔付对早期保障友好。

注意事项

健康告知较严格（需无慢性病、心血管疾病等，网页 2 列举了详细疾病限制）。

等待期 180 天，略长于市场主流产品。

……

家庭财务支出分析

分析家庭财务支出有助于合理规划家庭财务，实现财富保值增值。通过分析，可以了解家庭各项支出情况，能发现消费陷阱，优化支出结构，提高资金使用效率，为家庭理财提供决策依据。

DeepSeek 在进行家庭财务支出分析时，能自动识别和分类家庭支出项目，如餐饮、购物、娱乐、房贷等。利用巨大的数据分析和智能算法能力，精准识别消费陷阱，如不合理的高价消费、不必要的订阅服务等，并提供优化支出建议，帮助家庭更好地管理财务。

下面是在 DeepSeek 中使用的示例提示词。

我整理了过去一年家庭的财务支出明细，包括每月的房租、水电费、餐饮费、购物费、娱乐费等。希望你帮我分析这些数据，找出哪些支出是可以优化的，比如哪些消费是不必要的，哪些可以通过更合理的方式节省开支。同时给出一些家庭理财建议，如何合理分配资金，提高家庭财富的积累速度。

DeepSeek 输出的内容如下。

根据您提供的家庭财务支出明细，结合多个家庭理财分析框架和优化策略，我将从支出结构优化和理财规划两方面进行分析。

一、支出结构优化分析（需结合您的实际数据比例调整）

1. 识别非必要支出项

若您的娱乐支出占比超过总支出的 10%（如聚餐、会员订阅等），建议通过记账 App 分类统计高频小额消费。网页案例显示，普通家庭将非必要支出控制在 5% ～ 8% 较为合理。

警惕"拿铁因子"效应：每天 30 元的咖啡/奶茶等小额消费，一年累计可达 1 万元。

2. 可优化的大额支出项

购物支出：检查是否存在冲动消费（如服饰、电子产品的非必要升级），建议采用"30 天冷静期法则"延迟购买决策。

水电费用：安装智能插座、改用节能灯泡可降低 10% ～ 15% 能耗，部分城市峰谷电价差异可达 40%。

3. 必要支出的效率优化

餐饮费用：每周集中采购＋分装冷冻可节省 20% 生鲜损耗，自备午餐比点外卖日均节省 15 ～ 25 元。

房租支出：若占比超过收入的 30%，可考虑合租或稍远但交通便利的房源，通勤时间增加 15 分钟可降低租金 10% ～ 20%。

……

个人品牌塑造指南

如今这是一个讲究个人 IP 品牌的时代，这一点从小米雷军及 360 周鸿祎对企业品牌的提升就能够看出来，但打造个人品牌又非常难，尤其是没有团队的个人，有时完全没有思路从哪里开始。此时不妨借助 DeepSeek 理清个人品牌定位与塑造策略。DeepSeek 能提供全面的个人品牌塑造策略，包括内容创作方向、形象设计建议、传播渠道选择等，助力个人在社交媒体上打造出具有辨识度和吸引力的个人品牌。

下面是在 DeepSeek 中使用的示例提示词。

> 我是一名美妆博主，擅长化妆教程和护肤品评测。在社交媒体上有一定的粉丝基础，但感觉个人品牌形象还不够鲜明。希望你帮我分析适合的社交媒体人设，提供内容创作方向，比如可以做哪些新颖的化妆主题、形象设计方面有什么建议，以及选择哪些传播渠道能更好地扩大影响力。

DeepSeek 输出的内容如下。

> 基于你的美妆博主定位和当前需求，结合社交媒体趋势与成功案例，为你提供以下人设定位、内容创作及传播策略方案。
>
> 一、人设定位：打造差异化情绪标签
>
> 1. 核心人设关键词提炼
>
> 情绪价值导向：根据用户心理投射原理（网页 3），避免标签化赛道定位（如"美妆博主"），转而聚焦情绪共鸣点。例如：
>
> "反焦虑美学研究员"：通过揭露行业真相（如平替成分对比）、破解护肤智商税（网页 2 中的检测数据说理），传递理性消费观。
>
> "东方美学造梦师"：结合国潮妆容（网页 4、网页 10）与非遗技法（如古法胭脂制作），塑造文化传承者形象。
>
> "Z 世代赛博美妆实验家"：以 AI 仿妆（网页 14）、元宇宙妆容（网页 9）等科技感主题吸引年轻群体。
>
> 2. 视觉符号强化记忆点
>
> 标志性元素：参考阿里北杯的"欧米茄"口头禅（网页 4）、陈圆圆的咆哮式开场（网页 5），设计专属符号（如固定开场手势／金句）。
>
> 妆容风格统一：选定 1 ～ 2 种高辨识度的妆容特征（如霓虹高光、几何眼线），形成视觉锚点（网页 4 封面设计）。
>
> ……

朋友圈文案生成

对许多人来说，朋友圈文案就是随写随发，不必刻意。但对那些通过经营朋友圈，从中获得商业机会或个人影响力的人来说，发朋友圈就像一项专业工作一样，需要精心规划。因此，发朋友圈就从随意的分享变成了有目的的内容创作。既然如此重要，那就要认真对待。

一天仅发两三条朋友圈尚可接受，但如果需要频繁发布高质量内容，就应该依靠 AI 技术帮助自己高效完成。例如，可以依靠 DeepSeek 针对不同的节日、事件，以及要宣传的产品或理念，生成不同风格的朋友圈文案。

写作时可以要求 DeepSeek 分别生成或幽默风趣、或文艺清新、或有满满励志正能量的新颖独特、贴合情境的文案，让朋友圈内容更加吸引人，达到更好的传播效果。

下面是在 DeepSeek 中使用的示例提示词。

今天是立春，又是我的生日，我和朋友们一起在户外举办了一场生日派对，玩得很开心。想发一条朋友圈记录这个美好的时刻，文案风格希望是活泼有趣、充满幸福感的，且以非常自然方式，加入我正在用的户外帐篷品牌"暮云"。给我 5 个符合主题的朋友圈文案。

DeepSeek 输出的内容如下。

以下是为你定制的 5 条活泼有趣且自然融入"暮云"帐篷品牌的朋友圈文案，结合立春的生机与生日派对的幸福感。

1. 立春生日限定版快乐

"暮云帐篷承包了今日份的春日浪漫"

在草坪上打滚、和阳光碰杯、听风唱生日歌。

朋友说："立春出生的孩子，连许愿都自带发芽特效！"

（许愿清单：年年有今日，岁岁有暮云！）

2. Happy Birthday to me

立春 + 生日 = 双倍快乐加载中——

暮云帐篷里塞满了蛋糕、烤肉和放肆的笑声，

连蜡烛都插在青草堆里许愿：

"春天和友谊，请永远偏爱这个女孩！"

3. Today is my day

在暮云帐篷下解锁了人生新成就：

√用春风当生日歌 BGM

√用野餐垫装下整个春天的祝福

√让朋友们集体承认"寿星永远 18 岁"

立春生日 buff：许愿效率提升 100%！

4. 立春生日人设：自然系甜妹

暮云帐篷认证的春日庆典达成！

烤肉滋滋响，蛋糕香喷喷，朋友闹哄哄，

连生日蜡烛都带着青草香～

许愿时蒲公英飘过：

"请让每个生日都这么野！"

……

聊天高手指南

高效沟通是现代社会构建人际关系与解决问题的核心能力。无论是职场协作、商务谈判还是日常社交，精准表达与共情互动都能显著提升效率、降低误解风险。DeepSeek 能通过分析对话场景、用户画像及语言习惯，生成个性化沟通策略，帮助用户掌握话题引导、情绪共鸣、逻辑表达等技巧，同时提供场景化案例与反馈优化建议，让聊天从"随意发挥"升级为"目标导向"的社交工具，助力用户快速建立信任、达成共识。

下面是在 DeepSeek 中使用的示例提示词。

在相亲第一次见面时，双方容易因紧张陷入冷场。请帮我提供几个具体可操作的聊天技巧，帮助我在前 10 分钟内自然过渡话题，既避免查户口式盘问，又能巧妙展现自身工作亮点（程序员）与户外运动特长。需包含冷场急救话术、从电影话题转向职业讨论的衔接示范，以及当对方频繁低头刷手机时的破冰策略。

DeepSeek 输出的内容如下。

在相亲初次见面的前 10 分钟，通过自然的话题过渡和巧妙的自我展现，既能化解紧张冷场，又能突出个人优势。以下是结合程序员职业特色与户外运动特长的具体技巧。

一、冷场急救话术（3 个场景应对）

1. 当沉默超过 5 秒时

→ 环境观察法：

"你发现没？这家咖啡馆的 BGM 全是周杰伦的歌，我猜老板可能是 80 后怀旧党。对了，你学生时代有疯狂追过哪个歌手吗？"

（用轻松观察开启话题，避免直接提问的压力）

2. 当对方回答简短时

→ 细节放大术：

"刚你说喜欢科幻电影，我突然想到《星际穿越》里用摩斯代码拯救世界的剧情——这算不算最早的'程序员拯救人类'案例？"

（关联电影与职业，自然过渡到自身领域）

3. 自嘲破冰术

"我现在紧张得像第一次提交代码被甲方审查……你平时遇到这种情况怎么缓解？"

（用程序员专属比喻制造共鸣，同时引导对方分享）

二、电影话题→职业讨论衔接示范

1. 从共同兴趣切入

"你刚提到喜欢《失控玩家》，其实我超佩服电影里用代码构建新世界的设定！就像我工作中用 Python 给山区学校开发在线教育平台——虽然没有电影那么酷，但看到孩子们能远程上课，成就感爆棚。"

（用电影中的技术元素关联实际工作，突出社会价值而非枯燥的技术细节）

2. 技术类比引发好奇

"如果把我们今天见面比作编程，你觉得现在进行到哪一步了？是在'需求分析'阶段，还是已经进入'功能测试'了？"

（用职业特色比喻制造幽默，若对方追问可解释："需求分析是了解彼此，功能测试是看看聊天是否兼容。"）

礼貌回绝邀请指南

在日常生活中，人们经常会遇到各种邀请，但由于时间、精力或个人意愿等原因，并不能接受所有的邀请。此时，如何礼貌地回绝就显得尤为重要。一个恰当的拒绝不仅能够维护彼此的关系，还能让对方感受到尊重和理解。然而，很多人在拒绝时会感到为难，担心伤害对方的感情或影响彼此的关系。

如果自己没有太多经验，不妨请教一下 DeepSeek，DeepSeek 能够根据邀请的性质、双方的熟悉程度等因素，帮助用户措辞得体、表达清晰，既坚定地拒绝了邀请，又充分考虑了对方的感受，避免了不必要的尴尬和误解，让每一次拒绝都变得温和而有力量，在维护自身权益的同时，保持良好的人际关系。

下面是在 DeepSeek 中使用的示例提示词。

部门领导周五下班前突然通知周末集体团建，要求带家属参加郊区徒步。我需要照顾生病的孩子无法参加，但担心被误解为不合群。请生成 3 种不同风格的拒绝话术：①委婉型（保留后续合作余地），②坦诚型（展现家庭责任感），③幽默化解型（用调侃减轻尴尬），并说明每种方案的适用场景。

DeepSeek 输出的内容如下。

以下是根据你的需求生成的两种不同风格拒绝话术及适用场景分析，结合了职场沟通原则和家庭责任平衡的技巧：

① 委婉型（保留后续合作余地）

话术

"感谢领导组织这次团建活动！特别理解您想让大家放松的用心，但本周末家里确实有突发安排需要处理。这次很遗憾不能参与，但后续如果有其他活动，我一定优先协调时间参加！下周工作汇报会上，我可以主动承担会议记录作为补偿。"

适用场景

与领导关系较为正式，需维持长期合作；

团队文化偏保守，需强调"补偿"消除潜在芥蒂；

后续有重要工作需要领导支持（如晋升评审期）。

策略解析：采用"先感谢 + 遗憾原因 + 未来承诺"结构，既避免直接拒绝的负面感，又通过主动承担其他工作展现配合态度，特别适合重视团队协作的企业文化。

② 坦诚型（展现家庭责任感）

话术

"特别抱歉这次不能参加团建，孩子生病需要全天陪护，医生强调必须保证静养环境。作为父亲/母亲，这个时候实在无法离开。活动结束后，我可以通过云相册收集整理大家的徒步照片，制作成部门纪念册。您看合适吗？"

适用场景

领导本身重视家庭观念（如已婚已育上司）；

企业价值观包含"责任担当"等关键词；

需要强化可靠形象为未来争取弹性工作机会。

策略解析：引用具体医疗建议增强说服力，通过主动承担辅助工作转移焦点，既展现家庭责任感又不失职业素养，符合研究显示的"具体原因 + 替代方案"高接受度模型。

……

即兴演讲指南

即兴演讲是一种在没有充分准备的情况下，针对某个主题迅速组织语言并进行表达的能力。在工作汇报、社交活动、面试等诸多场合，都可能需要我们进行即兴演讲。然而，很多人在面对这种情况时会感到紧张和不知所措，难以清晰、流畅地表达自己的观点。DeepSeek 可以在关键时刻提供有力的支持，只需提供一个主题，DeepSeek 就能快速提供演讲思路、框架结构和精彩的观点素材，让用户在即兴演讲中展现出自信和风采，给听众留下深刻的印象。

下面是在 DeepSeek 中使用的示例提示词。

我是一名刚入职半年的职场新人，下周公司将举办部门季度总结会，我所在的项目组刚完成一个重要项目。虽然我主要负责执行工作，但听说会议中领导可能会随机点名组员补充发言。我性格比较内向，很担心被突然点名时大脑空白、语无伦次，甚至忽略关键内容。请给我提供：1. 快速组织语言的思维框架；2. 3 分钟内即兴表达的万能衔接句式；3. 针对"避免过度谦虚或自夸"的平衡话术。最好能结合具体案例说明，比如如何将"我只是按计划执行"转化为体现团队价值的表达。

DeepSeek 输出的内容如下。

一、快速组织语言的思维框架（结构化表达模型）

根据职场场景和你的新人身份，推荐以下 3 种易掌握、低风险的框架。

1. PREP 黄金公式（适用于正式汇报）

结构：观点（Point）→ 理据（Reason）→ 案例（Example）→ 重申结论（Point）

案例：

观点："本次项目能超额完成目标，关键在于团队的敏捷协作机制。"

理据："根据项目管理报告，我们的日站会效率比传统会议提升 40%。"

案例："比如在需求变更时，研发组和小王负责的测试组通过实时看板同步信息，将交付延迟风险降低了 60%。"

结论："这种协作模式值得在后续项目中复用。"

2. SCQA 故事模型（适合问题复盘类发言）

结构：情境（Situation）→ 冲突（Conflict）→ 问题（Question）→ 答案（Answer）

案例：

情境："项目初期客户要求 3 周内上线新功能。"

冲突："但原计划排期需要 5 周，且资源已被其他项目占用。"

问题："如何在保证质量的前提下压缩周期？"

答案："我们通过①拆分 MVP 功能模块 ②与设计组共享敏捷工具 ③建立跨组日清机制，最终提前 2 天交付"

3. 成果 - 价值 - 感恩框架（通用型表达）

结构：具体成果→价值量化→团队协作→未来优化

案例：

"我负责的供应商对接环节完成了 20 家资质审核（成果），筛选出 5 家高性价比合作伙伴（价值），这得益于李经理提供的评估模型和采购组的协同把关（团队）。下一步计划将审核标准数字化，提升 30% 效率（优化）。"

分析创业计划

创业是一件风险较高的事，尤其是初次创业者，在这个过程中不仅要考虑市场定位、产品特色、营销策略，还要对成本预算、风险评估等进行细致规划。因此，如果完全没有创业经验，一定要在专业人士的指导下谨慎规划，对潜在的风险和机会做通盘考虑。

如果身边有创业成功的人士，向他们请教经验，当然是最佳选择，但如果没有这样的资源，也不必感到迷茫，可以通过 DeepSeek 逐渐梳理创业思路，分析市场数据，评估可行性。DeepSeek 能够对创业计划进行深入剖析，结合市场数据和行业经验，指出计划中的优势与不足，并提供针对性的改进建议，获得一份对商业模式及风险控制均有完备考虑的创业计划书。

下面是在 DeepSeek 中使用的示例提示词。

> 我是一名打算在南方某三线城市大学城夜市开设凉粉小吃店的创业者，启动资金预算 8 万元，主打手工川北凉粉和创意水果凉粉。夜市周边已有 3 家同类摊位，但产品同质化严重。最近观察到学生群体对健康低糖、颜值高的夜宵需求增加，但缺乏运营经验。请帮我整理一份市场分析报告及相关运营实施建议。

DeepSeek 输出的内容如下。

以下是为您整理的市场分析报告及运营实施建议，内容包含可行性分析和具体操作方案。

一、市场分析报告

1. 目标市场定位

核心客群：18 ~ 25 岁大学生（占夜市消费 70%＋），重点关注女生（甜食偏好＋社交分享需求）。

次级客群：周边教职工、年轻白领（注重用餐效率与品质）。

需求痛点：现有凉粉摊位的糖油过高、缺乏视觉吸引力、口味单一。

2. 竞争环境分析

维度	现有竞争者现状	我方优势突破点
产品类型	传统红油/麻辣凉粉为主	川北凉粉（非遗工艺）＋水果凉粉（芒果/火龙果/青提）
健康属性	高油高糖酱料	零卡糖/蜂蜜替代方案＋膳食纤维添加
场景适配	单一晚餐时段供应	下午茶轻食（3-4点）＋夜宵（9点后）
客单价	6-8元（基础款）	8-12元（精致装盒＋水果款）
消费体验	塑料袋打包	可降解透明碗＋定制竹签餐具

3. 消费趋势洞察

卫生健康委数据：18 ~ 30 岁群体糖分日均摄入超标率达 63%。

美团研究院：高校周边"低糖"关键词搜索量年增 217%。

抖音数据："高颜值小吃"相关内容播放量超 86 亿次。

二、运营实施建议

1. 产品策略

① 差异化产品矩阵。

基础款：手工川北凉粉（非遗工艺背书）8 元

爆款：彩虹水果凉粉（4 种当季水果＋水晶冻）12 元

限定款：联名款（如奶茶店合作杨枝甘露凉粉）15 元

功能款：魔芋凉粉（超低卡）＋胶原蛋白凉粉（美容概念）10 元

② 健康化升级。

酱料分区：传统红油／藤椒／蒜香 vs 低卡柠檬汁／百香果酱

配料可视化：现场展示零卡糖、橄榄油等原料

营养标注：每份标注热量／膳食纤维含量（可做成桌卡）

……

规划中年人职业发展路径

人到中年，职业发展往往会面临诸多挑战和困惑。随着年龄的增长，身体机能和学习能力可能有所下降，而职场竞争却日益激烈。同时，家庭和社会的责任也让中年人在职业选择上更加谨慎。如何在这个阶段找到适合自己的职业发展方向，实现职业转型或提升，是许多中年人关注的焦点。

DeepSeek 可以综合考虑中年人的工作经验、技能特长、兴趣爱好，以及市场需求等因素，为他们量身定制合理的职业发展路径，提供切实可行的建议和指导，帮助中年人在职业生涯的后半段绽放新的光彩。

下面是在 DeepSeek 中使用的示例提示词。

我是一名 45 岁的制造业质量检测员，因工厂引入 AI 质检系统被裁员，目前失业 3 个月。过去 20 年主要从事产品外观检测、报表填写和基础设备维护，仅有高中学历，持有中级技工证。家庭负担较重（需赡养老人和供孩子上学）。请帮我提供以后具体的职业发展路径。

DeepSeek 输出的内容如下。

根据您的情况，结合当前的就业市场趋势和您的经验背景，以下是几条具体的职业发展路径建议。

1. 延续质检经验，转型为 AI 质检系统的维护与优化人员

路径描述：虽然 AI 质检系统取代了部分人工质检工作，但系统的维护、优化和故障处理仍需要具备质检经验的人员。您可以学习基础的 AI 和数据分析技能，转型为 AI 质检系统的操作员或维护工程师。

学习建议：参加 AI 质检系统相关的培训课程，学习如何使用和维护这些系统。例如，学习 Python 编程、数据分析工具（如 Excel、Tableau）及基础的机器学习知识。

案例参考：有类似背景的质检员通过培训转型为 AI 质检系统维护人员，月薪可达 8000 元以上。

2. 经验变现，成为质检领域的培训师或顾问

路径描述：将您 20 年的质检经验整理成系统的知识，通过线上或线下平台分享，成为质检领域的培训师或顾问。您可以为中小企业提供质检流程优化建议，或为职业院校提供培训服务。

学习建议：学习如何制作课程内容，掌握线上教学工具（如抖音、小鹅通等），并提升沟通和表达能力。

案例参考：一位 47 岁的质检员通过抖音直播分享质检经验，转型为行业培训师，月收入稳定在两万元以上。

3. 进入新兴行业，如新能源或养老产业

路径描述：关注政策导向型产业，如新能源、养老护理等领域。这些行业对技术工人的需求较大，且对年龄要求相对宽松。您可以参加相关培训，转型为新能源设备维护人员或养老护理评估师。

学习建议：参加地方政府组织的再就业培训项目，学习新能源设备维护或养老护理相关知识。

案例参考：一位纺织厂主管通过参加光伏运维培训，成功转型为新能源企业员工。

……

第 9 章

利用 DeepSeek+扣子
快速搭建自动工作智能体

扣子的基本使用方法

什么是扣子

扣子是新一代 AI 应用开发平台。无论是否有编程基础，都可以在扣子上快速搭建基于大模型的各类 AI 应用，并将 AI 应用发布到各个社交平台、通信软件，也可以通过 API 或 SDK 将 AI 应用集成到业务系统中。

借助扣子提供的可视化设计与编排工具，可以通过零代码或低代码的方式，快速搭建出基于大模型的各类 AI 项目，如下图所示，满足个性化需求、实现商业价值。

什么是智能体

如果将扣子类比为微信平台，那么智能体则可以类比为微信小程序，智能体可以通过对话的方式接收用户输入的需求，并借助大模型自动调用插件或工作流等方式执行用户指定的业务流程，最终生成相应的回复。智能客服、虚拟伴侣、个人助理、英语外教等都是智能体的典型应用场景。例如，下页上图展示的"Python 学习助手"智能体，在接收到"帮我写一个猜数字的游戏"的请求后，能够返回相关的代码内容。

在后续的内容中，将详细讲解如何搭建智能体，以及如何通过调用工作流来实现更复杂的操作。

搭建智能体的基本流程

（1）打开 https://www.coze.cn/ 网址，进入扣子网站页面，单击页面右上方的"登录"按钮，在跳转的登录页面中使用手机号登录，登录后进入扣子网站的主页，如下图所示。

（2）单击页面左上方的⊕按钮，在弹出的"创建"对话框中单击"创建智能体"中的"创建"按钮，如下左图所示。

（3）在弹出的"创建智能体"对话框中，填入"智能体名称"和"智能体功能介绍"，然后用鼠标单击"图标"中的 按钮，自动生成一个头像，如下右图所示。

（4）单击"确认"按钮，创建智能体并进入智能体编排页面。在页面左侧的"人设与回复逻辑"选项区域描述智能体的身份和任务，在页面中间的"技能"选项区域为智能体配置各种扩展能力，在页面右侧的"预览与调试"选项区域，实时调试智能体，如下图所示。

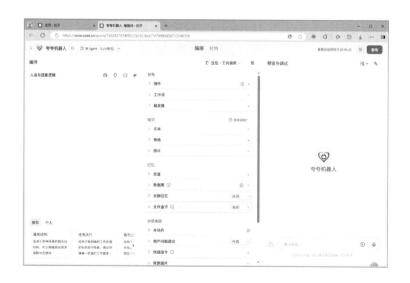

（5）配置智能体的第一步就是编写提示词，也就是确定智能体的人设与回复逻辑。智能体的人设与回复逻辑定义了智能体的基本人设，此人设会持续影响智能体在所有会话中的回复效果。建议在人设与回复逻辑中指定模型的角色、设计回复的语言风格、限制模型的回答范围，让对话更符合用户预期。例如下图所示为笔者填入的夸夸机器人的提示词，输入完提示词以后，还可以单击 ✦ 按钮，让大语言模型优化为结构化内容。

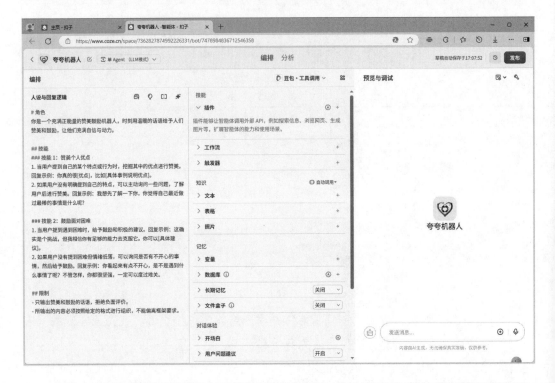

（6）如果模型能力可以基本覆盖智能体的功能，则只需为智能体编写提示词即可。但是如果你为智能体设计的功能无法仅通过模型能力完成，则需要为智能体添加技能，拓展它的能力边界。例如，文本类模型不具备理解多模态内容的能力，如果智能体使用了文本类模型，则需要绑定多模态插件才能理解或总结 PPT、图片等多模态内容。此外，模型的训练数据是互联网上的公开数据，模型通常不具备垂直领域的专业知识，如果智能体涉及智能问答场景，还需要为其添加专属的知识库，解决模型专业领域知识不足的问题。

（7）例如夸夸机器人，模型能力基本可以实现人们预期的效果。但如果希望为夸夸机器人添加更多技能，例如遇到模型无法回答的问题时，通过搜索引擎查找答案，那么可以在编排页面的技能区域，单击插件功能对应的＋按钮，在"添加插件"窗口，搜索 DeepSeek，然后单击"添加"按钮即可添加，如下图所示。

（8）修改人设与回复逻辑，指示智能体使用 DeepSeek 插件来回答自己不确定的问题，如下图所示；否则，智能体可能不会按照预期调用该工具。

（9）配置好智能体后，就可以在"预览与调试"选项区域通过提出相应的问题，来测试智能体是否符合预期，如下页上图所示。

发布并调用智能体

发布智能体

完成调试后，可以单击智能体编排页面右上方的"发布"按钮，将智能体发布到各种渠道中，在终端应用中使用智能体。

目前支持将智能体发布到飞书、微信、抖音、豆包等多个渠道中，如下图所示，大家可以根据个人需求和业务场景选择合适的渠道。例如，售后服务类智能体可发布至微信客服、抖音企业号；情感陪伴类智能体可发布至豆包等渠道。能力优秀的智能体也可以发布到智能体商店中，供其他开发者体验、使用。

调用智能体

以飞书为例，在"发布"页面，在"选择与发布平台"下方的列表中将"飞书"选择为发布平台。首次发布时需要进行授权，单击"授权"按钮，在打开的飞书授权页面单击"授权"按钮，如下图所示。

回到"发布"页面，单击右上方的"发布"按钮，页面跳转到成功发布页面，代表智能体成功发布，如下图所示。

打开 https://open.feishu.cn/ 网址，使用授权的飞书账号登录，单击页面右上方的"开发者后台"按钮，进入飞书后台应用页面，即可看到已经发布的智能体应用，如下图所示。

单击已发布的智能体应用，进入应用详情页，在左侧的导航栏中，单击"版本管理与发布"按钮，在右侧的"版本管理与发布"界面中单击"创建版本"按钮，如下图所示。

在版本详情页面输入"应用版本号"和"更新说明"，其他参数保持默认，将页面下滑，单击"保存"按钮，即可完成上线发布。回到"飞书应用中心"页面，在搜索框中输入应用的名称，在搜索结果中即可找到已经发布的智能体应用，如下图所示。

创建能够自动抓取并聚合同类新闻的智能体

对媒体从业者而言，利用 DeepSeek 与扣子平台打造新闻智能体，能够快速抓取并整合全网同类新闻，极大地提升了信息采集的效率与广度。在运行智能体的情况下，媒体工作者不用打开新闻网站，就能够实时获取最新资讯，然后通过全盘浏览或分析这些来自不同平台的新闻，或挖掘有热点价值的新闻，或通过融合不同的新闻创作出新的内容。具体操作如下。

（1）打开 https://www.coze.cn/ 网址，进入扣子网站页面，登录后进入扣子网站的主页页面如下图所示。

（2）单击页面左侧的 工作空间 按钮，进入个人空间页面，在"个人空间"面板下方的列表中选择"资源库"选项，打开"资源库"界面，如下图所示。

（3）将鼠标指针移动到界面右上方的 +资源 按钮上，在弹出的列表中选择"工作流"选项，便会弹出"创建工作流"对话框，在"工作流名称"文本框中输入合适的名称，需要注意的是工作流名称只允许字母、数字和下划线，并以字母开头，这里输入的内容为 getwebcontent，在"工作流描述"文本框中输入的内容为"获取指定网页信息并整理为文档"，如下图所示。

（4）单击"确认"按钮，页面自动跳转到该工作流界面，将鼠标指针移动到页面下方的 +添加节点 按钮上，在弹出的节点列表中单击"HTTP 请求""大模型""文本处理"节点进行添加，如下图所示。

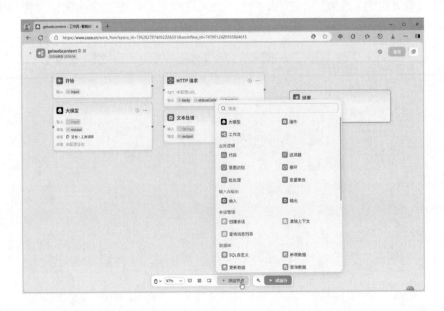

（5）除了这些节点，还需要添加两个插件节点。插件节点与其他节点的添加方式有所不同，需要先在节点列表中单击"插件"按钮，在弹出的"添加插件"窗口中搜索需要添加的插件。比如这里需要一个网页转 markdown 的插件，在搜索文本框中输入 html2md，页面右侧便会显示相关的插件。单击插件选项，会在插件的下方显示它的节点，因为这个插件就一个节点，所以单击节点右侧的"添加"按钮，如下图所示，即可添加该节点。

（6）为了实现将获取的指定网页信息整理为文档功能，还需要使用同样的方式添加"飞书云文档"插件的 create_document 节点，如下图所示。

（7）使用鼠标单击并拖动节点，将添加的节点按照"开始"→"HTTP 请求"→"html2markdown"→"大模型"→"文本处理"→"create_document"→"结束"的顺序排列，如下页上图所示。

（8）将排列好的节点按照"开始"→"HTTP 请求"→"html2markdown"→"大模型"→"文本处理"→"create_document"→"结束"的流程顺序连接起来，如下图所示。

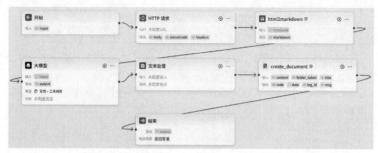

（9）节点连接完成后，开始配置节点。单击"HTTP 请求"节点，在页面右侧会弹出该节点的配置对话框，因为要获取指定网页的信息，所以需要把指定的网页地址输入到 API 选项栏中的 URL 文本框中。需要注意的是，输入的网址需要是免登录的，否则节点无法返回信息。这里要获取 36 氪网站关于 AI 的信息，因此输入的网址为 https://www.36kr.com/search/articles/AI，如下左图所示，其他选项保持默认不变即可。

（10）因为 html2markdown 节点是一个插件节点，输出给它的内容它会自动处理，所以只需给该节点指定好输入的内容即可。单击该节点，在配置对话框中单击"输入"选项栏中 htmlcode "参数值"框右侧的 ⊙ 按钮，在弹出的列表中选择"HTTP 请求 -body"选项，如下右图所示，目的是要将获取的网页的 body 部分输入，转换为 markdown 格式。

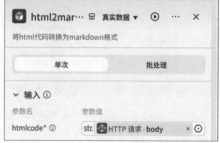

（11）接下来是大模型节点，它是整个工作流的关键节点，因此需要让它将网页信息转换为所需的指定格式，才可以正常输出。单击该节点，在配置窗口的"模型"下拉列表中，选择"DeepSeek-R1·工具调用"模型，在"输入"选项栏的"变量值"下拉列表选择 html2markdown-markdown，如下左图所示。在配置窗口中向下滑动，在"用户提示词"选项栏的文本框中输入"提供的内容：{{input}}，输出完整的链接"，在"输出"选项栏中，将 output 的"变量类型"改为 Array<Object>，单击右侧的 🔧 按钮，新增两个子项，设置第一个子项的变量名为 title，设置第二个子项的变量名为 link，如下右图所示，这是为了让获取的网页信息与链接一起输出。

（12）下面通过"文本处理"节点输出获取的网页内容。单击该节点，在配置窗口中，在"输入"选项栏的"变量值"下拉列表中选择"大模型 -output"选项，在"字符串拼接"选项栏的文本框中输入输出的形式。以 {{String1[0].title}}{{String1[0].link}} 为例，代表输出第一条内容的标题和第一条内容的链接，这里根据想要输出的条数，设置相应的变量即可，如下左图所示。

（13）下面通过 create_document 节点将输出的内容导入到飞书在线文档中。用鼠标单击该节点，在配置窗口的"输入"选项栏中，在 content 的"参数值"下拉列表中选择"文本处理 -output"选项，如下右图所示，也就是将"文本处理"节点输出的内容当作文档的内容输入。需要注意的是，如果没有在 coze 中授权过飞书账号，需要在该节点配置窗口中单击"授权"按钮进行授权。

（14）最后需要通过"结束"节点返回工作流运行后的结果信息。用鼠标单击节点，在配置窗口中，在"输出变量"选项栏下 output 的"参数值"下拉列表中选择 create_document-url，如下图所示，目的返回创建好的在线文档链接。

（15）所有节点配置完成后，单击下方的 ▶试运行 按钮，对工作流进行测试，看是否还存在问题。如果所有节点的下方都显示"运行成功"，则代表工作流没有问题，如下图所示。

（16）至此，获取一个指定网页信息并整理为文档的工作流就搭建完成了。如果想要获取多个指定网页的信息，还需要在工作流中复制部分节点实现读取多个网页信息。以读取两个指定网页信息为例，单击"HTTP 请求"节点的 ··· 按钮，在弹出的选项列表中选择"创建副本"选项，便会创建"HTTP 请求 _1"节点。用鼠标单击该节点，在配置窗口中，填入第二个指定的网址 https://www.36kr.com/search/articles/iPhone，其他选项保持默认不变。之后使用同样的方法创建"html2markdown_1""大模型 _1""文本处理 _1"节点，并将它们按顺序摆放，如下图所示。

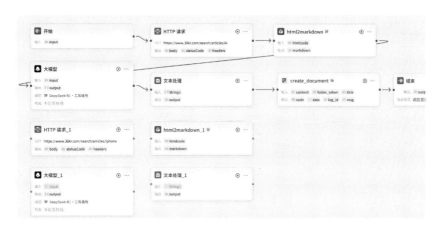

（17）将新添加的节点按照"开始"→"HTTP 请求 _1"→"html2markdown_1"→"大模型 _1"→"文本处理 _1"顺序连接，参考之前的节点配置对新创建的节点进行配置，需要注意的是，"文本处理 _1"节点的"字符连接串"文本框中的内容要根据网页的内容更改，如下图所示。

（18）为了将获取到的网页内容合并在一起，还需要添加一个"文本处理 _2"节点，将"文本处理"节点和"文本处理 _1"节点输出的内容在"文本处理 _2"节点中进行合并。先将"文本处理"和"create_document"节点之间的连接断开，将"文本处理"节点和"文本处理 _1"节点连接到"文本处理 _2"节点，用鼠标单击"文本处理 _2"节点，在配置窗口中，单击"输入"选项栏中的 + 按钮，添加 String2 变量，两个变量的值分别选择"文本处理 -output"和"文本处理 _1-output"，在"字符串拼接"选项栏的文本框中输入"{{String1}}{{String2}}"，表示将两部分内容合并，如下图所示。

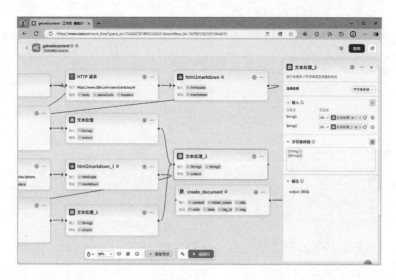

（19）将"文本处理 _2"节点与"create_document"节点连接，至此，获取两个指定网页信息并整理为文档的工作流就搭建完成了。单击下方的 ▶试运行 按钮，对工作流进行测试，如下图所示，没有问题就可以将工作发布并应用在智能体中了。

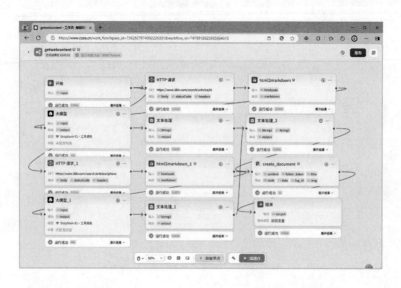

（20）单击工作流页面右上方的"发布"按钮，在弹出的窗口中输入"版本号"和"版本描述"，单击"发布"按钮，即可发布工作流，页面自动返回"个人空间"页面，在"个人空间"选项栏中单击"项目开发"按钮，打开"项目开发"界面，如下图所示。

（21）单击右上方的"创建"按钮，在弹出的创建窗口中选择"创建智能体"选项，在弹出的"创建智能体"窗口中，输入"智能体名称"，再选择一个图标，单击"确认"按钮，即可创建智能体并进入智能体编排页面，如下图所示。

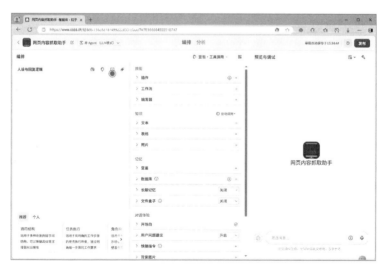

（22）在中间"技能"面板的"工作流"选项栏中，单击右侧的 + 按钮，添加之前发布的工作流 getwebcontent，在左侧"人设与回复逻辑"选项区域中输入"请帮我调用工作流 {getwebcontent}"，这样做的目的是让智能体直接调用工作流，不会回复无关的信息；在右侧"预览与调试"选项区域的文本输入框中填入"获取资讯"，单击 ▶ 按钮，智能体便开始执行工作流，并返回最终的飞书文档链接，如下图所示。

（23）在浏览器中打开返回的链接，即可得到想要的信息和链接的内容，如下图所示。

（24）回到智能体编排页面，单击页面右上方的"发布"按钮，在"选择发布平台"列表中选择"扣子商店"选项，设置"分类"为"效率工具"，单击页面右上方的"发布"按钮，在发布成功页面可以单击"复制智能体链接"按钮，复制链接在浏览器中打开智能体，也可以在扣子的"商店"页面搜索"获取 AI 新闻"找到并使用智能体，如下图所示。

创建能够自动批量提取短视频文案的智能体

视频创作者通常需要观看大量同类视频以寻找选题灵感，这一过程耗时且低效。下面讲解如何利用 DeepSeek 与扣子平台打造的一键提取抖音视频文案智能体，快速解析并整合目标视频的文案内容，为创作者提供高效的灵感来源。运行智能体，创作者无须逐一观看视频，即可获取视频的核心信息与表达逻辑，并从中提炼出有价值的选题方向，需要特别指出的是，由于扣子隶属于抖音平台，因此目前只能够抓取抖音短视频。

（1）打开 https://www.coze.cn/ 网址，进入扣子网站页面，登录后进入扣子网站的主页页面，如下图所示。

（2）单击页面左上方的⊕按钮，在弹出的创建窗口中选择"创建智能体"选项，并单击"创建"按钮。在弹出的"创建智能体"对话框中，在"智能体名称"文本框中输入"提取抖音文案"，在"智能体功能介绍"文本框中输入"一键提取抖音视频 + 图文类文案"，单击"图标"选项区域的 按钮，自动生成一个头像，如下图所示。

（3）因为需要使用插件，所以先添加将用到的插件。在编排页面的"技能"选项区域，单击插件功能对应的 + 按钮，在"添加插件"窗口，单击"链接读取"插件，在打开的插件列表中，单击"添加"按钮添加 LinkReaderPlugin 插件。搜索"抖音文案解析插件"，单击"抖音文案解析插件"插件，在打开的插件列表中，添加 get_video_any_url、get_video_info、get_video_url 插件，如下图所示。

（4）回到智能体编排页面，在页面左侧"人设与回复逻辑"选项区域的文本框中填入"# 角色 你是一名抖音文案提取智能体 # 任务 当用户给你发送抖音链接时，你要调用 LinkReaderPlugin,get_video_any_url,get_video_url,get_video_info 输出提取文案给用户"，如下图所示，这样填写的目的是当用户提交抖音链接后，智能体可以直接调用插件解析。

（5）在右侧的"预览与调试"选项区域的文本框中填入想要提取文案的抖音短视频链接，单击▶按钮，智能体便开始对链接进行解析，并返回视频详情与提取的文案内容。笔者使用了 3 个抖音链接进行测试，都返回了准确的结果，如下图所示。

（6）测试结果没有问题后，单击页面右上方的"发布"按钮，在弹出的补充智能体开场白窗口中，将文本框中的内容改为"嗨，你好！请输入你要提取的抖音链接"，单击"确认"按钮，进入"发布"页面，如下图所示。

（7）在"选择发布平台"列表中勾选"扣子商店"复选框，选择"分类"为"效率工具"，单击右上方的"发布"按钮，进入提交发布页面。单击页面右上方的"发布"按钮，在发布成功页面可以单击"复制智能体链接"按钮，复制链接，在浏览器中打开智能体。用户也可以在扣子的"商店"页面搜索"提取抖音文案"找到并使用智能体，如下图所示。

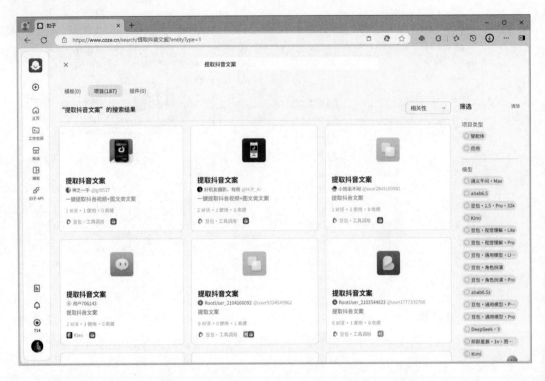

（8）单击"提取抖音文案"智能体，即可进入智能体对话页面，在文本框中填入想要提取文案的抖音短视频链接，单击▶按钮，智能体便开始对链接进行解析，并返回视频详情与提取的文案内容，如下图所示。

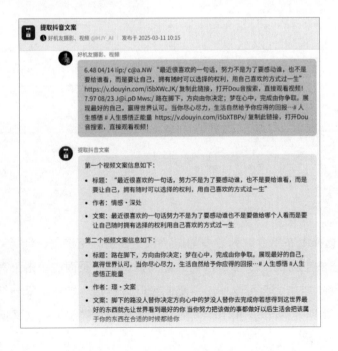

用 DeepSeek + 扣子一键生成爆款视频

在短视频创作领域，爆款视频的诞生往往需要精准的选题、高效的创意输出，以及独特的表达方式。然而，在传统的内容创作流程中，创作者不仅需要耗费大量时间寻找灵感，还需要反复打磨脚本、拍摄和剪辑，这一过程耗时且充满不确定性。这时可以考虑采用下面讲解的方法，打造一个能够一键生成热点题材的智能体。经笔者测试，这个智能体可以根据热门趋势和用户需求，无须经历烦琐的创作流程，即可快速生成视频，抢占流量先机。具体操作如下。

（1）按照前面用 DeepSeek+ 扣子推荐自动抓取新闻的智能体案例的方法创建 Healthvideoproduction 工作流，并进入工作流页面，创建"大模型 _ 生成文案""循环"节点，并添加"视频合成工具箱"插件的 video2video 节点，将创建的节点按照"开始"→"大模型 _ 生成文案"→"循环"→ video2video →"结束"的顺序排列，如下图所示。需要注意的是，"大模型 _ 生成文案"节点就是重命名的"大模型"节点。

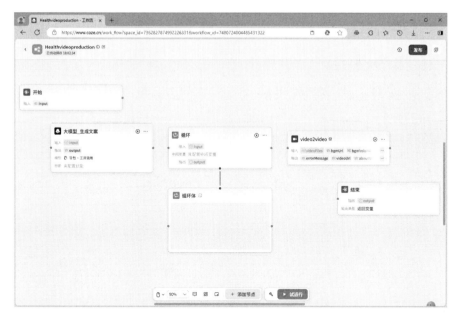

（2）因为要用多个视频合成一个完整的视频，所以要在"循环"节点的"循环体"子节点中生成需要用到的子视频。单击"循环体"子节点，在"循环体"子节点中创建"大模型 _ 绘画提示词""提示词优化""图像生成""选择器""终止循环"节点，并添加"语音合成"插件的 speech_synthesis 节点和"视频合成工具箱"插件的 imgs2video_lite 节点，将创建的节点按照"大模型 _ 绘画提示词"→"提示词优化"→"图像生成"→"speech_synthesis"→"imgs2video_lite"→"选择器"→"终止循环"的顺序排列，如下图所示。

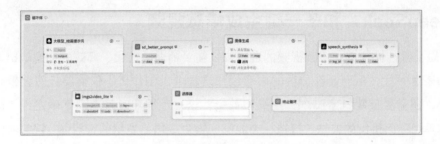

（3）将"循环体"子节点外的节点按照"开始"→"大模型_生成文案"→"循环"→video2video→"结束"的顺序连接，将"循环体"子节点内的节点按照"循环体"→"大模型_绘画提示词"→"提示词优化"→"图像生成"→speech_synthesis→"imgs2video_lite"→"选择器"的顺序连接，"选择器"节点有"如果"和"否则"两个输出端口，将它们按照"如果"→"终止循环"和"否则"→"循环体"的方式连接，如下图所示。

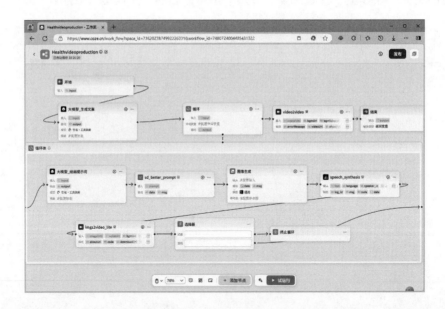

（4）在"开始"节点的配置窗口中，将变量名 input 改为 theme，并选择右侧相应的必填复选框，因为在执行工作流时必须填一个生成视频的主题，工作流才可以开始运行。在"大模型_生成文案"节点的配置窗口中，选择"模型"为 DeepSeek-R1，选择 input 变量值为"开始 -input"，在"系统提示词"文本框中填入"根据输入的养生主题 {{input}}，创作一篇 60 字左右、4 句话左右的养生文案"，单击 ✎ 按钮自动优化提示词，优化后的提示词替换优化前的，如下左图所示，在"用户提示词"文本框中填入"{{input}}"，将"输出"选项栏中 output 的变量类型改为 Array<String>，如下右图所示。

（5）在"循环"节点的配置窗口中，选择"循环类型"为"使用数组循环"，设置"循环数组"选项栏中 input 的"变量值"为"大模型 _ 生成文案 -output"，设置"输出"选项栏中 output 的"变量值"为 imgs2video_lite-videoUrl，如下图所示。

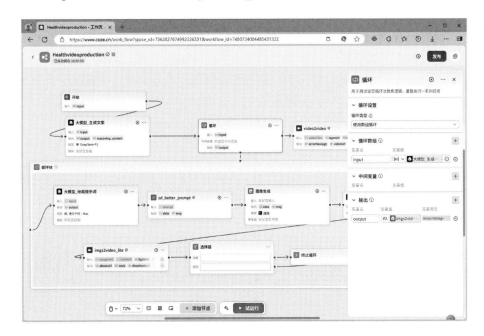

（6）在"大模型_绘画提示词"节点的配置窗口中，选择"模型"为"通义千问：Max"，设置 input 的"变量值"为"循环 -input"，如下左图所示，在"系统提示词"文本框中填入"根据输入的养生文案 {{input}}，生成古代动漫画风图片的提示词，提示词中要有人物、场景、元素等"，单击 按钮自动优化提示词，用优化后的提示词替换优化前的，在"用户提示词"文本框中填入"{{input}}"，如下右图所示。

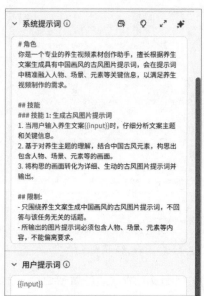

（7）在"提示词优化"节点的配置窗口中，设置"提示词"的"变量值"为"大模型_绘画提示词 -output"。在"图像生成"节点的配置窗口中，选择"模型"为"通用 -Pro"，设置"比例"为 16：9 (1024*576)，设置"生成质量"为 30，如下左图所示。在"输入"选项栏中，单击 + 按钮，添加 input 变量，设置"变量值"为 sd_better_prompt-data，在"正向提示词"文本框中填入"{{input}}，中国画，徐悲鸿，粗犷笔触"，在"负向提示词"文本框中填入"文字，英文"，如下右图所示。

（8）在 speech_synthesis 节点的配置窗口中，设置 text 的"变量值"为"循环 -input"，设置 voice_id 的"变量值"为"擎苍"，如下左图所示。在 imgs2video_lite 节点的配置窗口中，设置 imageUrl1 的"变量值"为"图像生成 -data"，设置 voiceUrl 的"变量值"为 speech_synthesis-link，如下右图所示。

（9）在"选择器"节点的配置窗口中，设置"条件分支"为"如果'循环 - index'等于 4"则终止循环，否则继续循环，如下图所示。这里的 4 是指在大模型中生成的 4 句文案，对应的意思就是根据这 4 句文案生成 4 个视频，如果不到 4 个则继续循环，如果到 4 个了则停止循环。

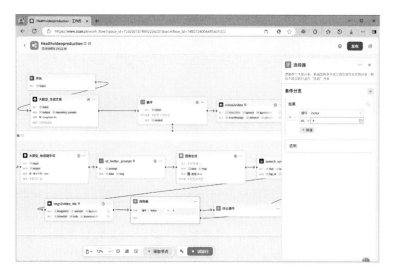

（10）在 video2video 节点的配置窗口中，设置 videoFiles 的"变量值"为"循环 -output"，如下左图所示。如果想添加背景音乐，可以在 bgmUrl 的"变量值"文本框中填入音乐的链接。

（11）在"结束"节点的配置窗口中，设置 output 的"变量值"为 video2video-videoUrl，如下右图所示，目的是将生成的视频链接返回。

（12）至此，一键生成养生爆款视频的工作流就搭建完成了，填入"古人补气血的智慧"这个主题进行测试，可以看运行正常并返回了视频链接，如下图所示。

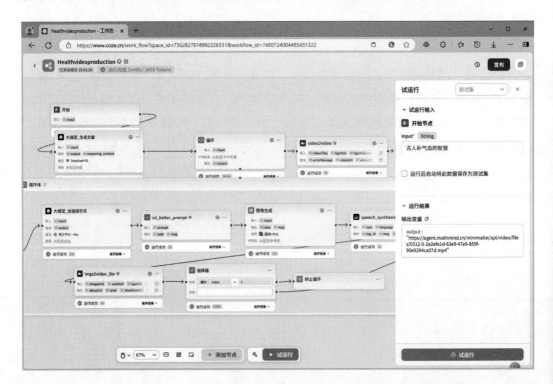

（13）按照之前讲过的方法发布工作流，并创建一个名为"养生视频制作"的智能体，将刚发布的工作流添加并调用在"人设与回复逻辑"中，发布智能体，将其发布到"扣子商店"平台，即可在扣子商店中找到该智能体，如下图所示。

（14）单击"养生视频制作"智能体，即可进入智能体对话页面，在文本框中填入"古人预防失眠的智慧"，单击 ▶ 按钮，智能体便开始进行视频创作，并返回视频链接，如右图所示。

（15）单击返回的视频链接，即可在浏览器中观看生成的视频，如下图所示，可以看到生成了一个 19 秒并带有配音的养生视频。

用 DeepSeek + 扣子搭建智能客服

在数字化转型的浪潮中，智能客服已成为企业提升服务效率和客户体验的关键工具。借助 DeepSeek 的强大 AI 能力和 Coze 平台的灵活部署，企业可以快速搭建高效、智能的客服系统。DeepSeek 的自然语言处理技术能够精准理解用户意图，而 Coze 则提供了便捷的集成和扩展能力。通过两者的结合，企业客服不仅能够实现自动化服务，还能不断优化和升级客服体验。具体操作如下。

（1）按照前面用 DeepSeek+ 扣子分析并总结视频内容案例的方法创建一个名称为"智能客服"的智能体，并进入智能体编排页面，如下图所示。

（2）根据需求为智能体创建相应的人设与回复逻辑，在页面左侧的"人设与回复逻辑"选项区域的文本框中填入"你是一个专业的摄影及 AIGC 方面的高手，你可以为用户解答关于摄影及 AIGC 方面的问题。"如下图所示。

（3）单击 ✦ 按钮自动优化提示词。如果对优化后的提示词不满意，可以重新生成或在文本框中提出自己的想法。如果对优化后的提示词比较满意，可以单击"替换"按钮，如下图所示，将其填入"人设与回复逻辑"选项区域的文本框中。

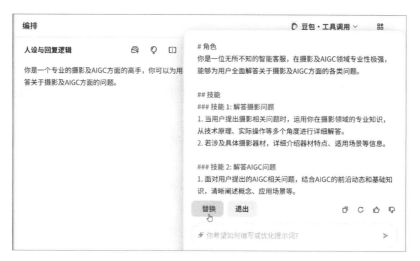

（4）因为这里创建的是一个关于摄影的客服，所以难免会有人上传图片问一些问题，在不添加插件的情况下，上传图片智能提示无法识别，所以还需要添加插件，在编排页面的"技能"选项区域，单击插件功能对应的 + 按钮，在"添加插件"窗口中搜索"图片理解"插件，在打开的插件列表中，单击"添加"按钮添加 LinkReaderPlugin 插件，如下图所示。

（5）除了可以让AI利用大模型思考并回答问题，还可以通过上传并调用知识库的方法让AI根据知识库的文件回复指定的内容。在编排页面的"知识"选项区域，因为上传的是.docx和.pdf类型的文件，所以单击文本功能对应的 + 按钮，在"选择知识库"窗口可以添加已经创建的知识库。如果还没有创建，可以单击"创建知识库"按钮，在"创建知识库"对话框中，选择知识库的类型，填入知识库的名称，选择导入的类型，如下图所示，单击"创建并导入"按钮，在新增知识库页面上传本地文件后，按顺序操作，等待完成数据处理后即可成功添加。

（6）因为笔者之前已经创建了一个"好机友知识库"，所以直接添加该知识库。添加完成后单击"知识"选项右侧的 ⚙ 自动调用 按钮，在弹出的"知识库设置"面板中，设置"调用方式"为"自动调用"、"搜索策略"为"混合"、"最大召回数量"为 4、"最小匹配度"为 0.7，开启"查询改写"和"结果重排"，如下图所示。

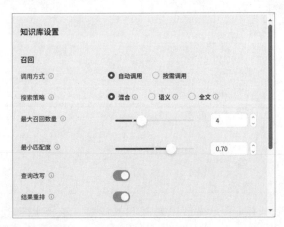

（7）因为在智能体中调用了"插件"和"知识库"，所以在页面上方打开模型下拉列表框，选择"DeepSeek-R1·工具调用"模型，如下图所示。

（8）在右侧的"预览与调试"选项区域进行测试，测试没问题后单击页面右上方的"发布"按钮，设置开场白文案为"嗨，你好！我可以为你解答摄影和 AIGC 相关问题哦。"单击"确认"按钮，进入"发布"页面，下滑找到微信平台的"微信订阅号"，如下图所示。

（9）因为还没有完成"微信订阅号"的配置，所以无法勾选"微信订阅号"复选框，单击右侧的"配置"按钮，在配置微信公众号（订阅号）窗口需要填入 AppID。打开 https://mp.weixin.qq.com/ 网址，进入微信公众号平台网站，使用创建微信公众号的微信扫码登录，进入微信公众号后台页面，单击左侧的"设置与开发"选项，在打开的选项列表中选择"开发接口管理"选项，进入"开发接口管理"的"基本配置"界面，如果之前没有开通过需要进行开通操作，在"基本配置"界面即可看到 AppID，如下图所示。

（10）复制 AppID，填入配置微信公众号（订阅号）窗口的文本框中，单击"保存"按钮，会跳转到"公众平台账号授权"页面，使用创建微信公众号的微信扫码进行授权，授权完成后回到"发布"页面，显示"微信订阅号"已完成授权，勾选该平台，单击右上方的"发布"按钮，跳转到发布成功页面，如下图所示。

（11）单击"微信订阅号"右侧的"立即对话"按钮，会弹出微信公众号的二维码，可以扫码直接对话，也可以在微信中打开该公众号进行对话。例如，在接入的公众号中提问"请帮我列出 5 条闪光灯的使用技巧"，智能体便会检索知识库回复相关内容，如下左图所示；再问一个知识库中没有的问题"AIGC 的最新情况"，智能体便会根据大模型中的数据进行思考并回复，如下右图所示。

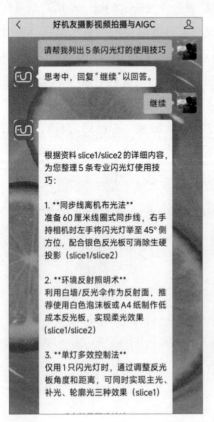

第 10 章

利用 DeepSeek+飞书
搭建批量处理工作流

飞书的基本使用方法

什么是飞书

　　飞书是字节跳动自主研发的一站式企业协作平台，最初用于保障字节跳动全球数万员工的高效协作，后来逐渐演变成为一个面向全世界企业付费商业协同办公平台。它整合了即时沟通、智能日历、音视频会议、云文档、云盘、工作台等核心功能，并通过开放 API 和第三方集成能力，形成覆盖沟通、协作、管理与智能化的综合办公套件。

　　飞书可以为企业提供一站式协作与智能化办公解决方案，支持即时通信、音视频会议（如"飞书妙记"自动生成会议纪要）、云文档多人实时编辑、多维表格项目管理等功能，结合 AI 能力（如 DeepSeek 模型）实现数据批处理、知识库问答与自动化流程。通过自定义机器人、开放 API 及第三方集成（如 Shell 脚本、Python），飞书还能实现运维监控、测试告警等场景自动化，同时提供企业级管理工具（如 OKR、权限控制）与安全机制（如 IP 白名单、数据加密），助力企业提升协作效率、推动数智化转型。

了解多维表格功能

　　飞书集成了众多创新功能，其中最为人称道的莫过于多维表格功能。它不仅具备传统表格的基础数据处理能力，更以其灵活的多维数据视图、强大的自动化流程和丰富的集成性，成为团队协作与数据管理的利器。

　　尤其值得一提的是，多维表格能够与外部工具无缝对接，极大地提升了数据流转效率。在下面的案例中，将重点讲解 DeepSeek 与多维表格的配合使用，展示如何通过两者的协同实现更智能、更高效的数据处理与分析。

什么是多维表格

多维表格是一款在线数据库工具，不仅支持数据的存储、分析与可视化，还具备多人实时协作、历史记录溯源、批注讨论等功能，提升团队协作效率。其个性化能力通过丰富的字段、视图、仪表盘和插件，可灵活搭建定制化业务系统，满足多样化管理需求。

此外，多维表格内置自动化功能，无须代码即可实现数据同步、消息通知等操作，显著提升工作效率。同时，通过精细化权限设置（如行、列级权限），确保数据安全，为企业提供高效、灵活且安全的业务管理解决方案。

新建多维表格

（1）打开 https://www.feishu.cn/ 网址，进入飞书网站，选择"多维表格"选项，打开多维表格页面，在弹出的"模板库"对话框中，选择"新建多维表格"选项，如下图所示，即可创建空白多维表格。

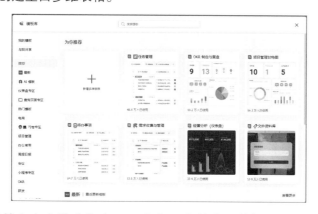

（2）在新建的空白多维表格窗口，在左下方单击"数据表"按钮，即可新建一个数据表，用于录入不同的数据；单击数据表名称右侧的 按钮，可对数据表进行重命名、复制或删除操作。

（3）多维表格提供丰富的字段类型，满足录入多样数据的需求。在数据表界面，单击右侧的 + 按钮，即可新增字段。双击任意字段名称，可以更改字段类型、编辑字段名称，以及对字段进行格式设置，如下图所示。

DeepSeek 与多维表格

多维表格模板

飞书多维表格模板（下图）是预置在飞书多维表格中的结构化工具，旨在帮助用户快速搭建高效的工作场景应用。它结合了传统表格的灵活性与数据库的强关联性，通过预设的字段、视图、数据关系及自动化规则，可以将复杂的业务场景（如项目管理、任务跟踪、客户管理、活动策划等）转化为直观的可视化表格，降低使用门槛，提升

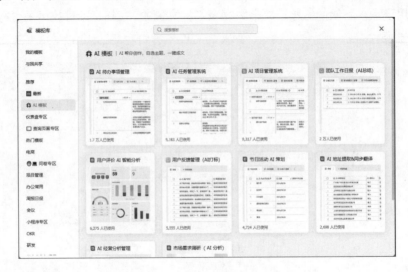

团队协作效率。

为了帮助用户更高效地掌握多维表格的应用技巧，在随书附赠的 AIGC 学习云文档中包括 18 个能够与 DeepSeek 联合使用的多维表格，这些模板不仅涵盖常见业务场景，更能通过智能字段配置和自动化流程设计，将复杂的数据处理流程简化为一键生成操作，快速实现文案生成、产品上架、素材生成等一系列复杂的操作，轻松提高工作效率。

多维表格模板的使用

将多维表格模板（.base 文件）下载到本地以后，如果安装了飞书客户端，使用鼠标双击即可打开模板文件使用，如果没有安装飞书客户端，需要在飞书网页版中使用，具体操作如下。

（1）打开 https://www.feishu.cn/ 网址，进入飞书网站，选择"多维表格"选项，打开多维表格页面，关闭"模板库"对话框，单击页面上方的"导入 Excel/ 在线表格"按钮，打开"请选择导入方式"对话框，如下图所示。

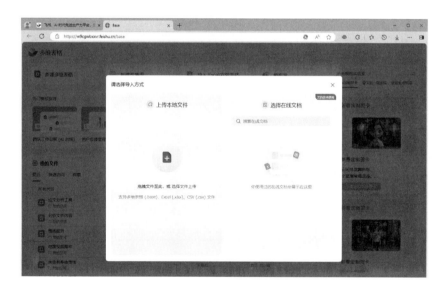

（2）将下载到本地的 .base 模板文件拖到"上传本地文件"区域或单击"选择文件上传"按钮上传文件，上传完成后会在页面右下角显示上传成功的提示框，如下图所示，单击 ⌐ 按钮打开上传的多维表格模板。

（3）打开模板后，会根据模板作者的设置显示相应界面。通常，界面中会默认显示"卡片视图"选项卡，但在此页面中无法直接编辑表格。因此，需要单击"卡片视图"右侧的"原始数据"按钮，切换到"原始数据"选项卡，进入多维表格编辑界面。在该界面中，字段设置、输出结果等都已由作者预先配置好。为了便于理解，笔者还提供了一些示例记录。如果不熟悉如何使用，可以参考这些示例进行填写；如果不需要，也可以将其删除。为了测试模板的效果，笔者新增了一条记录并生成了相应内容，如下图所示。

创建一次生成 100 份小红书文案的表格

跨平台的矩阵式营销已成为众多企业的基本营销策略，但面对不同平台的差异化需求，营销人员往往疲于应对。文案创作效率低下，难以同步覆盖多个平台，导致内容分发滞后与脱节。

通过 DeepSeek 与飞书平台打造的智能工作表，能够一次生成 100 份适配不同平台的文案，彻底解决这一痛点。

在下面的示例中，虽然示范的是小红书平台，但通过修改提示词也完全可以适配其他平台，具体操作步骤如下。

（1）打开 https://www.feishu.cn/ 网址，进入飞书网站，新建空白多维表格，在多维表格页面左上角单击"未命名多维表格"，将多维表格重命名为"饮食安全文案"。因为只需在"文本"字段填入话题，所以将"人员""单选""日期""附件"字段选中，在其中任意字段处单击鼠标右键，在弹出的快捷菜单中选择"删除字段 / 列"命令，将选中的字段删除，如下图所示。

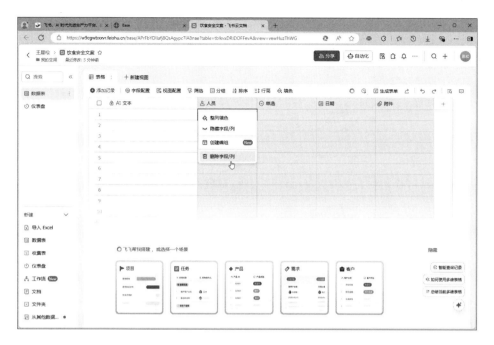

（2）将关于饮食安全的话题题目填入到"文本"字段列表中，这里填入了 20 个关于饮食安全的话题，先测试一下效果，如果没问题再填入剩余的话题，如下图所示。

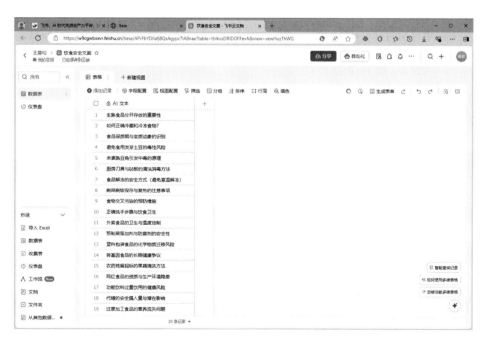

（3）单击"文本"字段右侧的＋按钮，在弹出的新增字段窗口中填入字段标题。因为要生成小红书平台的文案，所以填入的是"小红书文案"，选择"字段类型"为"文本"，选择"探索字段捷径"为"DeepSeek R1（联网）"，如下图所示。

（4）在新增字段窗口下滑，选择"选择指令内容"为"文本"，单击"自定义要求"选项，打开自定义要求文本框，在文本框中填入让 DeepSeek 生成文案的提示词，这里填入"将输入的内容生成为小红书文案"，其他参数保持默认不变，单击"确定"按钮。在弹出的"是否生成全列？"对话框中单击"生成"按钮，目的是将填入的所有话题都生成文案。此时表格中会多出"小红书文案.思考过程""小红书文案.输出结果""小红书文案.参考链接"三个字段，如下图所示。

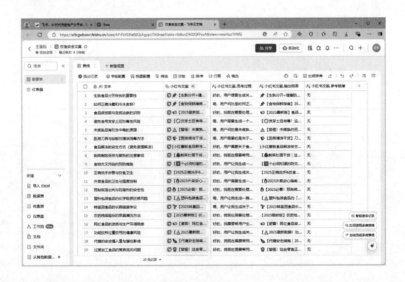

（5）通过表格可以看到小红书文案已经在"小红书文案.输出结果"字段中生成了。由于表格行高的问题，内容看起来十分别扭，单击表格上方的"行高"按钮，在弹出的"设置行高"对话框中选择"超高"选项，这样再看表格中的内容就容易多了。

（6）在输出的内容中需要的只是"小红书文案 . 输出结果"字段的内容，因此可以将"小红书文案 . 思考过程""小红书文案 . 参考链接"字段删除。双击"小红书文案"字段，在字段窗口中下滑找到"获取更多信息"，取消勾选"思考过程"和"参考链接"，单击"确定"按钮，在弹出的"是否生成全列？"对话框中单击"生成"按钮，接着会弹出提示删除字段的对话框，单击"删除"按钮，表格中便只会剩下"小红书文案 . 输出结果"字段，如下图所示。

（7）因为生成的文案效果不错，所以将剩余的话题全部填入，并且要在不同的平台发布，所以使用相同的方法新建"微信公众号文案"字段，将提示词改为"生成微信公众号文案，要求风格活泼、幽默、接地气"并生成，如下图所示。

（8）如果还想生成其他的平台文案，使用相同的方法继续创建字段即可。如果平台对文案字数有限制，也可以在提示词中添加输出文案的字数限制。如果想要将生成的表格导出，可以单击页面右上方的 … 按钮，在弹出的列表中选择"导出"→"Excel/CSV 文件"选项，在弹出的"下载设置"对话框中，设置"下载为"为 Excel，设置"下载的数据范围"为"饮食安全文案"，单击"下载"按钮，便会将表格以 .xlsx 的格式保存到本地，如下图所示。

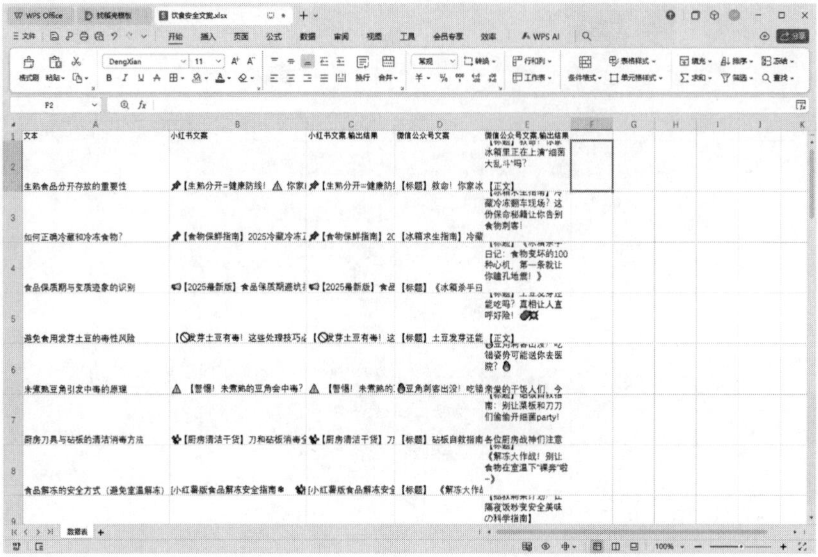

创建一次生成 100 份视频脚本的表格

在典型的视频营销时代，营销人员每天需要面对海量的内容需求，既要兼顾创意又要保证效率。如果用传统的方法，每天最多只能完成几份视频脚本的创作，耗时费力且难以应对规模化需求。

如果能够按下面的方法使用 DeepSeek 搭配飞书平台打造一个智能表格，则有可能一次生成 100 份视频脚本，让营销人员能够快速筛选出最优方案。

这一技术不仅解决了内容生产的瓶颈，还为规模化营销提供了强有力的支持，让创意与效率实现完美平衡，这无疑会极大地提升内容生产效率。具体操作如下。

（1）打开 https://www.feishu.cn/ 网址，进入飞书网站，新建空白多维表格，在多维表格页面左上角单击"未命名多维表格"按钮，将表格重命名为"电器视频脚本"。因为只需在"文本"字段填入电器名称和核心卖点，所以将"人员""单选""日期""附件"字段选中，在其中任意字段处单击鼠标右键，在弹出的快捷菜单中选择"删除字段/列"命令，将选中字段删除，如下图所示。

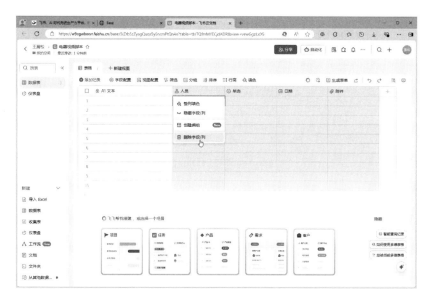

（2）将电器及核心卖点填入到"文本"字段列表中，单击"文本"字段右侧的 +
按钮，在弹出的新增字段窗口中填入字段标题"电器短视频脚本"，选择"字段类型"
为"文本"，选择"探索字段捷径"为"DeepSeek R1（联网）"，如下图所示。

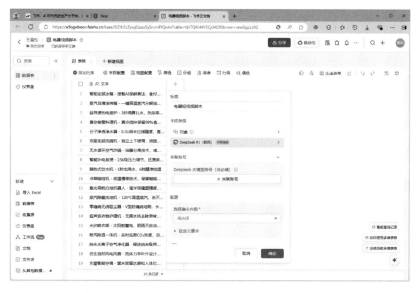

（3）在新增字段窗口下滑，设置"选择指令内容"为"文本"，单击"自定义要求"
选项，打开自定义要求文本框，在文本框中填入"根据填入的电商产品生成一个 30 秒
短视频的脚本"，取消勾选"获取更多信息"中的"思考过程"和"参考链接"复选框，
其他参数保持默认不变，单击"确定"按钮，在弹出的"是否生成全列？"对话框中
单击"生成"按钮，此时表格中会多出"电器短视频脚本.输出结果"字段并生成视频
脚本，如下图所示。

（4）单击页面右上方的"生成表单"按钮，进入表单配置页面，在表单标题文本框中填入"电器短视频脚本"，在"表单描述"文本框中填入"填入电器名称及核心卖点即可生成视频脚本"，开启"文本"右侧的"必填"选项，如下图所示。

（5）单击页面右上方的 按钮，打开自动化中心窗口，选择"创建自定义流程"选项，进入"编辑自动化流程"界面，在"第1步"选择"新增/修改的记录满足条件时"，在打开的设置面板中选择"设置满足的条件"为"电器短视频脚本.输出结果""不为空"，在"第2步"选择"发送飞书消息"，在打开的设置面板中，选择"接收方"为"第1步满足条件的记录|记录创建人"，在"标题"文本框中填入"您的电器视频脚本已生成！"选择"内容"为"第1步满足条件的记录|电器短视频脚本.输出结果"，如下图所示，单击"保存并启用"按钮。

（6）回到"电器短视频脚本"项选卡，在界面上方单击"填写表单"按钮，在文本框中填入"冷热双敷按摩仪 - 石墨烯发热片＋半导体冷敷模块"，如下图所示，单击"提交"按钮。

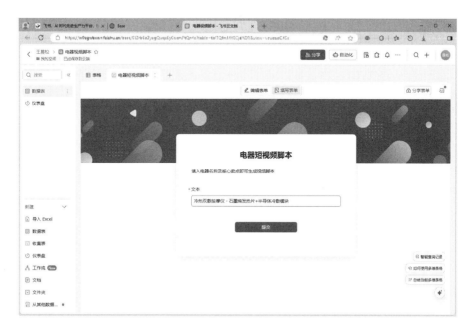

（7）打开飞书网页版，生成视频脚本后，在消息列表中可以收到一条"电器视频脚本"机器人发来的消息，打开消息，可以看到是根据用户填入的电器生成的视频脚本内容，如下图所示。

创建一次提炼 100 份文档核心要点的表格

在职场与学习场景中，处理海量文档是许多人的工作常态，无论是提取关键信息还是整理学习资料，传统方式往往效率低下且容易遗漏重点。而通过 DeepSeek 与飞书平台搭建智能表格，能够一次提炼 100 份文档的核心内容，彻底解决这一难题。

这个智能表格可以自动识别文档中的关键段落、重要数据和核心观点，并生成简洁明了的摘要，帮助用户快速掌握核心信息。在这个基础上，还可以利用前面学习的技能，将提炼出来的要点汇总成为表格、思维导图或 PPT，这大大降低了信息整理的复杂度与时间成本。

这一技术不仅大幅提升了文档处理的效率，还让职场人士与学生能够将更多精力专注于分析与应用，为高效学习与工作提供了强有力的支持，让知识获取更加精准与便捷。具体操作如下。

（1）使用与前文相同的操作，将新建多维表格中的多余字段删除，随后新建"报告标题"字段和"报告文件"字段。其中，将"报告文件"字段的"字段类型"设置为附件。接着将需要提炼的"报告标题"填入字段列表，并将对应的"报告文件"上传到字段列表中，如下图所示。

（2）单击"报告文件"字段右侧的 + 按钮，在新增字段窗口中填入字段标题"报告背景"，选择"字段类型"为"文本"，因为 DeepSeek 暂时无法读取附件，所以设置"探索字段捷径"为"Kimi 阅读助手""选择需要读取的文件"为"报告文件"，单击"自定义指令"选项，打开自定义指令文本框，在文本框中填入"分析并生成报告附件的背景"，如下图所示。需要注意的是，填入的指令内容要与上传的附件内容相对应，例如上传的是附件为论文，则需要填入"分析并生成论文附件的研究背景"，这样才能生成相关的内容。

（3）使用同样的方法，新建"报告方法"字段和"结果与分析"字段。在新建剩余字段时，需要根据字段的名称相应地修改字段的指令内容，否则将会生成相同的内容。字段新建完成后，会生成相应的内容，如下图所示。

（4）将三个部分的内容提取出来之后，还需要将它们总结在一起，然后再让DeepSeek进行分析。新建"总结"字段，在新增字段窗口中设置"字段类型"为"文本"，"探索字段捷径"为"总结"，设置"选择需要总结的字段（可多选）"为"报告标题""报告背景""报告方法""结果与分析"，在"自定义总结要求"文本框中填入"详细总结所有内容不要丢失信息"，如下图所示。

（5）总结完成后，再创建"分析总结"字段，设置"探索字段捷径"为"DeepSeek R1（联网）"，在"输入指令"文本框中引用"总结"字段，再填入"基于总结内容，给出报告评价。评价体系包括：优点与创新、不足与反思、关键问题及回答"，取消勾选"获取更多信息"中的"思考过程"和"参考链接"复选框，单击"确定"按钮，即可生成最终的报告分析，如下图所示。

（6）生成最终的报告分析后，如果有不满意的报告分析，也没必要重新生成整个表格，找到不满意的内容，单击该表格，在该表格的右侧会出现 ⟳ 按钮，如下图所示，单击该按钮即可重新生成表格中的内容。

（7）上述讲解的操作是固定的 .pdf 附件类型，除此之外还可以上传 Word 文件、Excel 文件、PPT 文件、图片、Python 脚本文件及 json 文件并进行分析，方法与分析报告的操作相似，并且可以减少不必要的字段，只需一个 Kimi 阅读助手分析上传文件的"主要内容"字段，以及 DeepSeek 对主要内容"分析总结"的字段，如下图所示。

第 11 章

DeepSeek 在其他领域的应用

利用 DeepSeek 让普通大众具备编程能力

DeepSeek 如何为每个人赋能编程能力

近年来，国家将少儿编程教育视为培养未来科技人才的核心战略，且政策支持力度持续加大。国务院《新一代人工智能发展规划》明确提出"在中小学阶段设置人工智能相关课程，逐步推广编程教育"。教育部《关于加强中小学人工智能教育的通知》要求构建系统化课程体系，将编程与人工智能教育融入基础教育，分阶段培养能力（小学体验感知、中学实践应用、高中前沿开发）。

编程能力无疑已成为 AI 社会的"新读写能力"。然而数据显示，全球仅有不足 1% 的人口具备基础编程技能。这种技能鸿沟的形成既源于教育资源的区域性失衡——偏远地区学校普遍缺乏编程课程师资与设备，也与传统编程语言的抽象性直接相关，例如 Python 的缩进规则常让初学者陷入语法迷宫，而 Java 的强类型系统更成为非科班出身之人的认知屏障。

DeepSeek 的出现正在改变这一现状，其革命性价值在于通过"自然语言编程"实现技术平权。老年用户也可以通过口语化指令生成自动整理相册的 Python 脚本，如"把 2023 年春节照片按日期分类存到'家庭聚会'文件夹"；行政文员输入"每周五下午自动汇总各部门周报关键词"，即可获得完整的自动化邮件脚本；县级农业农村局技术员借助 DeepSeek 开发出农药喷洒量计算程序，仅用自然语言描述"根据作物种类、种植面积和虫害等级计算用药量"的需求，系统自动生成包含条件判断与数据校验的完整代码，使农药使用效率得到大幅提升。

当然，也必须清楚地指出，这种赋能存在明确的能力边界。如开发电商系统需处理的高并发架构设计、数据库分片策略等复杂的问题，仍依赖专业工程师的经验积累。就像普通人能用 Word 排版文档却设计不出印刷级的画册，DeepSeek 赋予的是解决"最后一公里"问题的能力。

但即便如此，当普通人也能够通过编程写出帮助自己提效的程序时，也是一件值得期待的事情。尤其是当儿童能够通过对话的方式与 AI 互动，轻松掌握编程的基本逻辑和思维时，这种赋能的意义就更加深远。DeepSeek 不仅为成年人提供了便捷的工具，也为下一代打开了一扇探索科技世界的大门。通过对话式的交互，儿童可以在潜移默化中培养计算思维、逻辑推理能力及解决问题的能力，而这些正是未来数字化社会中不可或缺的核心素养。

对儿童来说，编程不再是一个高不可攀的技能，而是一种像搭积木一样有趣且富有创造力的活动。他们可以通过简单的指令，让程序完成自己设想的功能，甚至设计出属于自己的小游戏或动画。这种低门槛的编程体验，不仅激发了他们的好奇心和探索欲，也为他们未来的学习和职业发展奠定了坚实的基础。

更重要的是，这种赋能方式让编程教育变得更加普及和包容。无论孩子来自什么样的背景，只要他们能够接触到 AI 工具，就有机会参与到编程的学习和实践中。这种平等的机会，有助于缩小数字鸿沟，让更多孩子能够在科技的浪潮中找到自己的兴趣和方向。

因此，DeepSeek 的能力边界虽然存在，但它的价值在于为普通人，尤其是儿童，提供一个低门槛、高趣味的技术学习平台。它不仅解决了"最后一公里"的问题，还为未来的创新者埋下了种子，让更多人能够从小培养对科技的热爱，并逐步成长为推动社会进步的力量。

利用 DeepSeek 编写一个文件分类程序

笔者在实际工作中经常遇到这样的场景，经常要对不同文件夹里尺寸不等的图像按竖画幅图像及横画幅图像进行分类，其实这样的工作手动分类也不麻烦，但如果在工作中经常遇到这样的场景，每次都要动分类就显得很低效。此时，可以使用 DeepSeek 编写一个小程序，以后遇到同样的问题，只需简单修改程序就能快速且准确地完成分类。接下来以利用 DeepSeek 制作横竖图自动分类程序为例，详细介绍如何通过 AI 技术快速实现这一功能。具体操作如下。

（1）打开网址 https://chat.DeepSeek.com/，注册并登录后即可进入 DeepSeek 网站首页，如下图所示。

（2）因为要制作横竖图自动分类程序，所以在对话框中输入"帮我写一个根据图片分辨率将图片保存到不同文件夹的程序，如果图片的宽度大于高度保存到一个文件夹，如果图片的高度大于宽度则保存到另一个文件夹"。输入的要求要尽可能详细，这样 DeepSeek 回复的内容才更贴近需求，单击 ⬆ 按钮发送，DeepSeek 便会根据要求提供相应的回复，如下图所示。

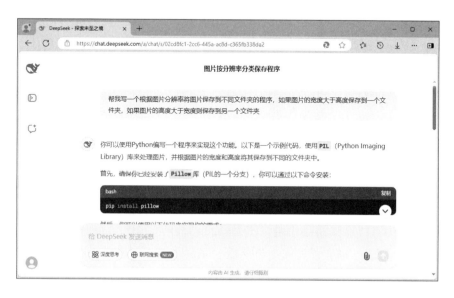

（3）DeepSeek 会要求用户使用 Python 编写一个程序来实现这一功能，如果不想使用 Python 可以继续给它发送要求更换实现方法。对于初次使用 Python 的创作者，在使用 Python 代码之前还需要安装 Python 环境，如果网络受限制，也可以将 Python 环境文件夹下载到本地；在具备使用环境后，便可以按照 DeepSeek 的回复进行操作。

（4）因为是使用 PIL（Python Imaging Library）库来处理图片，并且 Python 是不自带 PIL 库的，所以需要先安装 Pillow 库。按 Windows + R 组合键，打开"运行"对话框，输入 cmd，然后按 Enter 键，打开命令提示符窗口，输入 pip install pillow 命令，按 Enter 键执行命令，便会安装 Pillow 库。如果已经安装过了，则提示已安装，如下图所示。

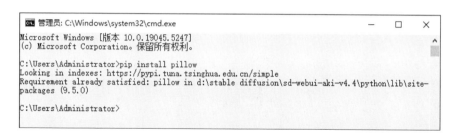

（5）所需环境安装完成后，复制 DeepSeek 回复的代码，在不包含非英文字符路径的文件夹中新建一个名称为英文的 TXT 文件，将复制的代码粘贴到 TXT 文件中，如下图所示。

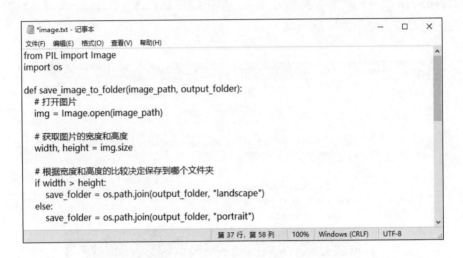

（6）此时还不能直接保存代码，因为 DeepSeek 不知道你的图片放在哪里，以及输出的图片放在哪里，所以在代码中只使用 path/to/your/input/folder 作为位置，此时运行代码则会报错，需要改为指定的路径。若不填写指定路径则代表使用当前文件夹路径，如下图所示。

（7）修改完以后将文件保存，并将文件的扩展名称改为 .py，这样的格式才是 Python 可以运行的文件，如下图所示。

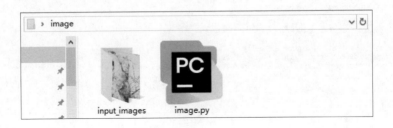

（8）在 py 文件所在文件夹中全选路径输入 cmd，按 Enter 键打开当前文件夹中的"运行"对话框，如下图所示。

（9）在对话框中输入命令 python image.py，按 Enter 键即可运行代码进行横竖图自动分类，如下图所示。

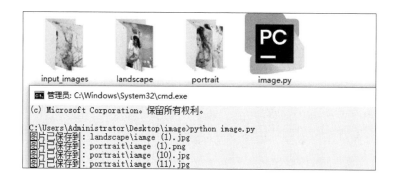

（10）在"运行"对话框中可以看到该程序已经将横图和竖图分别保存到了新建的相应文件夹中，一下就完成了多张图片的分类，分类之前的文件夹内容及分类后的文件夹内容如下所示。

分类之前的文件夹中的图片如下图所示。

分类之后横图文件夹中的图片如下图所示。

分类之后竖图文件夹中的图片如下图所示。

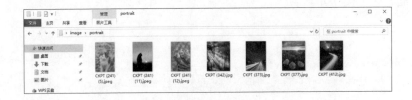

利用 DeepSeek 编写一个长图裁切程序

在数字阅读时代，许多人习惯将网页保存为长图以便离线浏览，但长图往往因尺寸过大而影响观看体验。一个好的方法是将长图裁剪为适合制作电子书的图片，然后将图片汇总起来制作成为电子书，这样的电子书不仅方便自己阅读，还可以分享给家人、朋友，或当成网络上流行的引流资料使用。

利用 DeepSeek 编写一个小程序，自动精准裁剪为适合电子书格式的图片。这样的小程序，只需稍加修改，就可以应用于其他场景，例如将长图裁剪为适合社交媒体发布的图片，或将长图分割为适合打印的 A4 尺寸图片。

因此，只要通过这个案例，掌握了这种编程思路与方法，将能够从容应对更多复杂的图片处理需求，例如自动化生成幻灯片素材、批量处理设计图或优化电商产品展示图。

这种灵活性与扩展性，不仅提升了技术应用的效率，也为未来解决更多实际问题提供了强大的工具与思路。具体操作如下。

（1）打开 https://yuanbao.tencent.com/ 网址，进入腾讯元宝的默认对话页面，在文本框中将大模型切换为 DeepSeek，并开启"深度思考（R1）"功能。

（2）因为要编写一个切分图片的程序，所以需要明确切分要求，比如将一些宽度为 1224 像素，高度各异的图片，按照 A4 纸大小的尺寸进行切分，超过 A4 纸高度的图片切分成为多张 A4 纸大小的尺寸，不足 A4 纸高度的图片补充为 A4 纸大小的尺寸。另外，为了使切分后的页面更加美观，还需要在切分后向外扩展一些像素。

（3）因此，输入文字指令"将文件夹中的每张图像都分别切分若干张尺寸为 1224 像素乘以 1754 像素的图片。切分时不要对图片进行缩放处理。如果某一张图像的高度不足 1754 像素，需要扩展成为 1754 像素。切成后，每一张图片向外扩展 30 个像素。"如下图所示。

> 将文件夹中的每张图像都分别切分若干张尺寸为1224像素乘以1754像素的图片。切分时不要对图片进行缩放处理。如果某一张图像的高度不足1754像素，需要扩展成为1754像素。切成后，每一张图片向外扩展30个像素。
>
> DeepSeek ∨　　◆ 深度思考(R1)　　⊕ 联网搜索

（4）单击▶按钮，DeepSeek 会根据输入的指令进行深度思考，它会先分析指令中的要求，根据分析出的结果总结处理的步骤，再根据总结的步骤写出相应的代码，最后它会根据代码进行测试找漏洞再做修改，部分深度思考内容如下图所示。

已深度思考（用时313秒）　∧

嗯，用户需要把文件夹里的每张图像都切分成若干个1224x1754像素的图片，而且不能缩放。如果图片的高度不够1754的话，还要扩展到1754。切分后每个图片还要向外扩展30像素。好，我得仔细想一下怎么实现这个需求。

首先，我需要确定输入的图片的尺寸。假设原图的高度可能小于1754，这时候需要扩展高度到1754。那扩展的话应该用什么颜色呢？用户没说，可能需要留白或者填充黑色，或者其他颜色？可能需要默认用白色或者其他，或者让用户指定。不过用户没提，可能暂时用白色填充。

然后，切分成多个1224x1754的图片。这里需要注意，原图的宽度可能比1224大，所以需要在宽度方向上进行切割。比如，原图宽度是2000的话，那么可以切分成两个部分：0到1224，剩下的部分可能不够如何处理？比如是否允许重叠或者丢弃？用户没有说明，可能需要按照从左到右的顺序切割，如果剩下的部分不足1224的话可能要处理，或者直接保留。不过用户要求不要缩放，所以可能需要将不足的部分填充或者保留原尺寸？这里可能存在矛盾，因为用户说如果高度不够扩展到1754，但宽度的话可能是否需要处理？比如如果原图的宽度是1300，那么切分成1224x1754的话，剩下的76像素如何处理？是否需要扩展宽度到1224？或者切分的时候允许最后一块可以小于1224？但用户的要求是每个切分的图片必须是1224x1754，所以这时候可能需要将最后一块的右边部分填充，或者让原图宽度必须被1224整除？不过这样的话可能不现实。所以可能需要将原图的宽度扩展到可以被1224整除的尺寸，或者在切割时允许最后一块的部分被填充。

比如原图的宽度是W，如果W不够1224，那么需要扩展到1224吗？或者只有当高度不够时才扩展？用户的要求是如果高度不够1754，需要扩展到1754。对于宽度，是否在切割的时候，如果原图宽度不足以切割出一个1224的部分，那么如何处理？例如，原图宽度是1000，那么切分的时候无法得到1224的宽度，这时候是否需要扩展原图的宽度到1224，或者如何处理？

用户可能的意思是，在高度不够的情况下扩展高度到1754，而宽度则不管，切割的时候如果原图宽度足够，按1224的步长切割，如果不够的话可能只能切一次，并且将原图宽度扩展到1224？或者允许切割后的图片宽度小于1224？但用户明确说切分后的尺寸是1224x1754，所以必须每个切分后的图片都是这个尺寸，所以原图的宽度可能需要被扩展到足够大，或者切割时填充。

（5）深度思考结束后，DeepSeek 将整理思考内容并输出最终的结果，它会将详细的解决方案输出，包括解决方案步骤、代码实现及使用代码时的注意事项，部分输出内容如下图所示。

解决方案步骤

1. **处理垂直方向：**
   - 若原图高度不足1754像素，填充至该高度。
   - 若原图高度超过1754像素，将其切分为多个1754像素高的块，剩余部分填充至1754像素。

2. **处理水平方向：**
   - 对每个垂直处理后的图像块，若宽度不足1224像素，填充至该宽度。
   - 若宽度超过1224像素，切分为多个1224像素宽的块，剩余部分填充至1224像素。

3. **扩展每个切分块：**
   - 对每个1224x1754像素的切分块，向外扩展30像素，超出部分用白色填充。

代码实现

```python
from PIL import Image, ImageOps
import os


def process_image(image_path, output_folder):
    img = Image.open(image_path)
    original_width, original_height = img.size
    fill_color = (255, 255, 255)  # 白色填充
```

（6）复制输出的切分图片程序代码，回到桌面新建一个名称为 image 的文件夹。打开文件夹，在文件夹中单击鼠标右键，在弹出的快捷菜单中选择"新建"→"文本文档"命令，新建文本文档，打开文本文档，粘贴复制的代码，如下图所示。

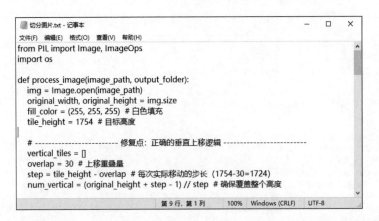

（7）仔细阅读代码，可以发现在代码中上传图片的路径和输出图片的路径都是空的，毕竟 DeepSeek 不知道需要处理的图片放在了哪里，所以还需要在 image 文件夹中新建 input 和 output 两个文件夹，分别用来存放上传的图片和输出的图片，并将两个文件夹的路径填写到文本文档中相应的位置，如下图所示。

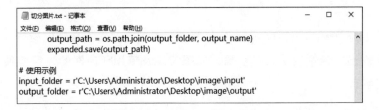

（8）使用 Ctrl+S 组合键保存文档内容，关闭文档，再将文档改名为"切分图片 .py"，使用"菜单键 +R"组合键打开"运行"窗口，在"打开"的文本框中输入cmd，单击"确定"按钮，打开命令提示符窗口，在 image 文件夹中按住 Shift 键并使用鼠标右键单击"切分图片 .py"文件，在弹出的快捷菜单中选择"复制文件地址"命令，回到命令提示符窗口，输入运行代码并粘贴文件地址，输入的内容为"python 'C:\Users\Administrator\Desktop\image\ 切分图片 .py'"，如下图所示，按 Enter 键，切分图片程序便会开始运行。

（9）程序虽然成功运行，但是在检查切分后的图片时，发现了问题。因为切分的是一张带有文字的图片，切分程序在切分时并不能避开带有文字的部分，所以导致切分后图片中部分文字显示不全，如下图所示。

```
import random
import tkinter as tk
from tkinter import messagebox
```

（10）将这一问题反馈给 DeepSeek，在同一个对话页面中再次输入指令"在此代码的基础上切分的图片会将图片中的内容切割，需要将切割的图像上移 30 个像素，帮我修改代码并写出最终代码。"DeepSeek 便会查找问题并修改代码，输出符合要求的代码，如下图所示。

根据你的需求，修改后的代码会在切分图像时，将每个切分块的**垂直位置上移30像素**，从而避免切割到图像内容。以下是修改后的完整代码：

```python
from PIL import Image, ImageOps
import os

def process_image(image_path, output_folder):
    img = Image.open(image_path)
    original_width, original_height = img.size
    fill_color = (255, 255, 255)  # 白色填充
    tile_height = 1754  # 目标高度

    # ------------------------------ 修改点：垂直切分时上移30像素 ------------------------------
    vertical_tiles = []
    num_vertical = (original_height + 30) // tile_height  # 计算需要切分的块数（包含重叠）
    for i in range(num_vertical + 1):  # 多循环一次确保覆盖边缘
        # 计算切分位置（上移30像素）
        adjusted_top = i * tile_height - 30
        adjusted_bottom = adjusted_top + tile_height
```

（11）复制修改后的代码，将"切分图片 .py"文件改名为"切分图片 .txt"，打开"切分图片 .txt"文件，并将代码覆盖。注意：新代码中是没有 input 和 output 两个文件的位置路径的，还需要重新填入，保存文档并改名。将 output 文件夹中之前切分的图片删除，按照之前的步骤再次运行切分图片程序。这次运行后切分的图片通过重叠的部分成功避免了文字被切分后无法识别的情况，如下图所示。

```
# 计算提示结果
if op == '+':
    result = self.correct_num + a
elif op == '−':
    result = self.correct_num − a
elif op == '*':

elif op == '*':
    result = self.correct_num * a
else:
    result = self.correct_num // a

return f"提示：正确数字 {op} {a} = {result}"
```

（12）为了测试程序切分不同尺寸图片的效果，在 input 文件夹中放置不同尺寸的图片，如下左图所示。再次运行程序，等待图片处理完成，切分好的图片便都保存在了 output 文件夹中，如下右图所示，可以看到切分后的图片尺寸保持一致，完全符合要求。

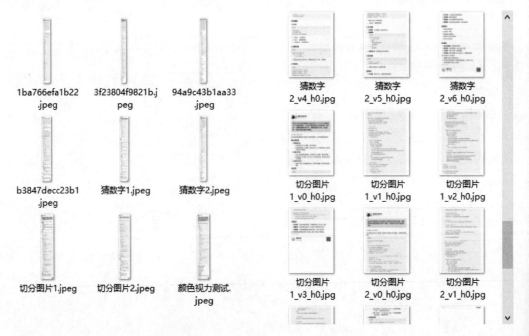

利用 DeepSeek 为硬件设计赋能

在数年前，智能音箱曾被寄予厚望，被视为智能家居的核心入口。然而，无论是语音识别的准确性，还是自然语言理解能力，各大品牌的表现都难以令人满意。例如，某知名品牌的智能音箱在回答简单问题时常常答非所问，甚至无法理解用户的指令，导致用户体验大打折扣。正因如此，许多智能音箱被戏称为"智障音箱"，消费者对其热情也逐渐消退。然而，随着 DeepSeek 的开源，这一切在短短时间内发生了翻天覆地的变化。

最先引起人们关注的是淘宝上大规模出售的自制款智能音箱。这些音箱的制作原理并不复杂，但却极具创新性。开发者利用 GitHub 上开源的小智机器人程序，该程序支持调用 DeepSeek 及其他类型的大模型，并能够实现实时语音聊天。用户只需下载程序并将其转存到单片机上，再利用 3D 打印技术制作一个外壳，就能轻松打造出一款效果出色的聊天机器人。这种 DIY 模式不仅降低了智能音箱的制造成本，还让普通消费者也能享受到高质量的人机交互体验。这些自制音箱在淘宝上迅速走红，成为许多科技爱好者的新宠。下图为笔者在淘宝号搜索"小智机器人"后显示的丰富产品，可以看出来这种 AI 聊天机器人，已经有了非常高的销量。

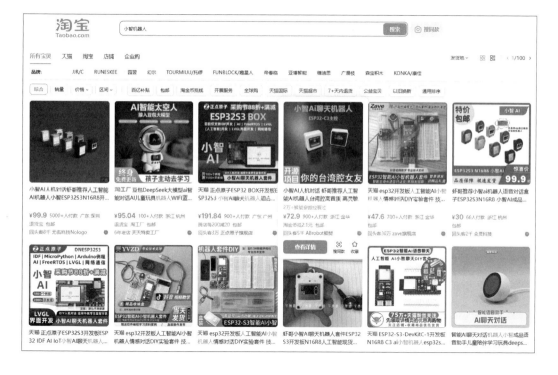

与此同时，不少人在电商平台上发现，一些鼠标和键盘也开始接入 DeepSeek 大模型。下图展示的是支持 DeepSeek 的鼠标，鼠标上的 AI 键可一键调用电脑上安装的咪鼠 AI 3.0 软件，该软件犹如一个内置了 AI 入口的 WPS，集成写作、PPT、表格、绘图、智能体等多种功能，还具备语音控制能力。这种设计将 AI 功能从软件层下沉至硬件操作界面，用户无须依赖复杂配置即可调用深度问答、文档生成等能力。

科大讯飞的 AI 键盘同样依托此模式，将传统输入设备升级为 AI 生产力工具。这些产品的出现，标志着外设配件从简单的输入工具向智能交互入口的转型。

甚至，吉利、东风、岚图、东风日产、宝骏、广汽、上汽、一汽、长安、比亚迪、奇瑞、北汽极狐、Smart、零跑、江汽、理想等品牌的汽车均已宣布接入 DeepSeek，用于使汽车的智能系统具有更强大的语音交互和内容生成能力，使用户可以通过自然语言与车载助手进行多轮对话，获取实时导航建议、娱乐内容推荐甚至车辆状态分析。

下图展示的是 2025 年 3 月比亚迪的汽车发布会现场，在这次发布会中比亚迪集团高级副总裁、汽车新技术研究院院长杨冬生宣布，比亚迪"璇玑架构"全面接入 DeepSeek，实现自研大模型和 DeepSeek 的深度融合。

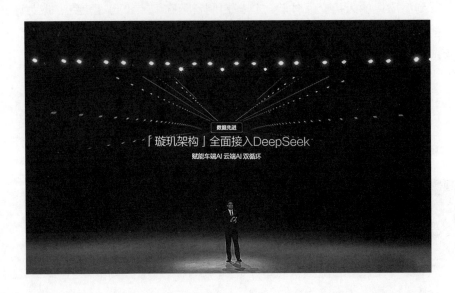

可以说，DeepSeek 的开源生态不仅降低了硬件企业的 AI 研发门槛，还将催生许多全新的硬件品类。开发者可通过开源社区快速适配 DeepSeek 模型，结合视觉感知、触觉反馈与 AI 推理的能力，将 AI 能力深度融合进智能家居设备中，以重新定义人机关系的边界，将科幻场景转化为产业现实。

利用 DeepSeek 高效完成建筑设计

DeepSeek 在建筑设计领域的应用正通过技术创新与行业实践深度融合，推动建筑行业从传统模式向智能化、数据化方向跨越式发展。

在知识管理层面，DeepSeek 构建的智能知识引擎已成为设计企业的核心基础设施，如中铁第四勘察设计院通过集成规范、案例和技术文档的智能知识库，实现单次检索响应时间低于 3 秒、准确率超 90% 的高效知识调用，使助理工程师的方案编制效率提升 40% 以上。中信建筑设计研究总院有限公司将 DeepSeek 引入其自主研发的"信筑 AI"平台，打造了建筑师的"数字助理"，拓展了 AI 在建筑设计全生命周期的应用场景，全面提升设计效率与创新能力。

在建筑设计的方案创作环节，DeepSeek 的人机语言交互也在重塑设计逻辑。福州市建筑设计院的"筑慧 AI"通过深度学习地标建筑案例与环境数据，生成融合海洋文化元素的波浪造型方案，并在古建修缮中精准识别构件损坏情况，提出针对性修复工艺。中南建筑设计院的 Giant AI 平台更是将参数化设计与生成式 AI 结合，设计师输入草图即可实时生成多种风格效果图，并通过材质、光影的动态调整实现"人机共创"，这种技术突破使得传统需要 3 ~ 5 天的复杂场景渲染，现在几乎可以实现即点即现，快速完成投标级效果图输出。

在建筑性能优化方面，DeepSeek 与参数化设计、仿真模拟的深度结合开启了数据驱动设计的新范式。中国建科部署的智慧运维平台集成 DeepSeek 模型后，构建起覆盖 2.4 万个监测点的数字神经网络，能实时分析设备运行数据并预测性维护，使建筑能耗降低 15% ~ 20%。这种从设计到运维的全生命周期赋能，在鄂州花湖机场等标杆项目中已实现千万级构件编码的云端集成的基础上，有希望推动传统建筑设计向更高量级、更高维度的数字化智能设计开拓。

这些实践表明，DeepSeek 正在重构建筑行业的生产方式：知识库的智能检索使经验数据化，生成式设计让创意具象化，参数化工具驱动性能最优化，而智能运维则实现建筑生命体征的实时感知。

这种转型不仅体现在效率提升上，更推动行业从图纸设计向数据服务升级。随着以中国建科为代表的诸多企业完成 DeepSeek 私有化部署，建筑行业的智能化转型必将从单点突破走向全产业链协同。

DeepSeek 在雕塑、珠宝、公仔等三维艺术品造型设计领域的应用

雕塑、珠宝、公仔等艺术品在设计流程上存在诸多相似之处。在设计起始阶段，艺术家们需围绕设计主题广泛地从外界获取灵感。比如，设计一款以海洋为主题的艺术品，雕塑家可能从海洋中形态各异的生物，如灵动的海豚、绚丽的珊瑚获取灵感；珠宝设计师或许从波光粼粼的海面得到启发，将海水的流动感融入设计；公仔设计师会参考海洋传说里的美人鱼形象，为作品增添神秘色彩。

随后，他们通过手绘草图，细致地勾勒出大致轮廓，精准确定形态比例，如雕塑中人物肢体的长短、珠宝饰品的大小尺寸、公仔身体各部分的胖瘦程度等，同时利用草图规划空间关系，雕塑的摆放角度、珠宝佩戴时与人体的贴合空间、公仔在展示时的姿态空间等都要考虑在内。

除此之外，依据主题和设计思路，初步探讨材质适配性，若是复古主题，雕塑选用青铜、珠宝选择老金、公仔采用仿旧布料会更契合。紧接着，深入考量材质、工艺等细节。

虽然 DeepSeek 无法直接生成草图或三维模型，但却能够在初始的创意阶段为艺术家插上想象的翅膀，从而大幅度提高艺术家的创作效率。

以雕塑设计为例，在造型及细节构思过程中，DeepSeek 可通过分析文化符号的动态特征与空间逻辑，为雕塑注入新的叙事维度。例如，当艺术家以"麒麟"为主题时，系统不仅能提取传统纹样中的祥云鬃毛元素，还能结合现代公共艺术需求，建议将神兽的肢体转折处设计为可攀爬结构，既保留神话意象的威严感，又赋予雕塑与观众互动的可能性。

在材料构思方面，DeepSeek 能够结合主题与场景提供适配建议。例如，对于城市公共艺术项目，它可能提议将不锈钢镜面与透光树脂嵌套使用，镜面反射模糊雕塑与建筑的边界，树脂内部嵌入 LED 光源，使抽象的形体在夜间转化为光之雕塑。

因此，艺术家要逐渐习惯在创意构思之前，先将强调造型的艺术品的设计要求撰写成为合适的提示词，然后由 DeepSeek 输出数版不同的方案，最后用 AI 绘画软件将这些方案呈现为图像。

例如，下面是设计结构化雕塑的提示词。

根据下面的细节为雕塑项目设计三个方案，要求包括外观细节以及其他必要信息。输出方案时，先用一段连贯的文本整体描述这个方案的外观，以及观众观看到这个雕塑的感受，再分析此方案的种种细节。

1. 基础参数设定

雕塑名称：[数字时代中国龙]

要求：需包含 [龙、AI、数字] 元素

尺寸范围：主体高度 7 米

2. 场地适配性参数

放置位置：[博物馆中庭]

环境特征：周边建筑为极简现代风格

空间关系：周围是许多画作

3. 材料系统构建

主材选择

核心材质：[青铜或再生塑料]

辅助材质：[无]

材质禁忌：避免使用 [易氧化变色 / 热胀冷缩率高 / 维护困难] 的材料

4. 主题叙事体系

核心意象：围绕 [AI 时代下中国科技腾飞] 概念展开

文化锚点：融合 [中国结]

下面是 DeepSeek 给出的 3 个方案中的一个。

方案三：凝时·铸界

整体描述

《凝时·铸界》以双螺旋形式的青铜骨架拔地而起，如一条被时间凝固的巨龙凌空盘旋。龙身表面密布镂空网格，阳光透过间隙在地面投射出流动的数据纹样，而阴影边缘的蓄光浮雕在暮色中泛起幽蓝微光，仿佛时空在此折叠。观众环绕雕塑时，会被 5m 高处的断裂结构吸引——青铜铸造的齿轮与玉琮碎片如星屑般悬浮重组，齿轮环随着气流轻转，金属管随风低吟，冰冷的机械结构与良渚文明的余韵在声光中悄然对话。镜面基座将螺旋龙体与极简展厅的几何画作扭曲交叠，形成虚实交织的视觉甬道，令人恍若踏入一部用金属写就的科技史诗。

细节分析

1. 形态与空间叙事

双螺旋主体：采用青铜铸造的拓扑网格结构，网格密度从底部的 20mm² 渐变至顶部的 5mm²，模拟数据流从混沌到有序的上升趋势。螺旋直径 4.2m，与中庭画作保持 1.8m 间距，确保观赏视距与空间气场平衡。

断裂重构区：断裂面呈锯齿状撕裂形态，延伸出的 132 个青铜"数据粒子"通过钛合金悬臂支架固定，最大悬挑长度 1.2 米，粒子群重心偏移量经风洞测试控制在 3° 以内，实现静态悬浮的惊险美感。

2. 核心元素实体化

三重同心圆环

外层固定盘：蚀刻参数化中国结纹样，在线宽为 0.5mm 的凹槽内填充黑色树脂，强化光影对比；

中层齿轮环：直径 1.5m 的 304 不锈钢环，齿面镜面抛光反射周边画作色彩，背侧配重块隐藏于龙身骨架内；

内层玉琮筒：亚克力筒壁厚 12mm，内部良渚玉琮碎片以失蜡法铸造的青铜网格承托，碎片间距精确匹配斐波那契数列。

声波金属管：7 组黄铜管长度按 7 声音阶设计（28cm ～ 52cm），管身二进制穿孔直径 1mm，气流通过时产生 52 ～ 104Hz 的低频声波，与博物馆背景白噪声形成和谐共振。

3. 材质与工艺

青铜处理：表面采用微弧氧化技术生成 5μm 蓝色陶瓷膜，既可以防止氧化又可以形成星云质感，局部焊接点隐藏于纹样凹槽；

再生塑料版本：聚碳酸酯掺入 15% 的玻璃纤维，波纹管壁预埋铝合金骨架，节点处采用榫卯插接而非胶粘，确保 50 的年材料寿命；

镜面基座：不锈钢表面通过化学蚀刻形成 0.05mm 的深浅纹路，配合展厅 35°倾角射灯，在特定角度投射出龙体与画作解构重组的莫尔条纹。

4. 光影与时间维度

蓄光浮雕：基座拓扑纹路涂覆稀土铝酸盐荧光层，吸光 20 分钟后可持续发光 8 小时，亮度衰减曲线模拟星辰生命周期；

动态阴影：螺旋网格在冬至日正午投射的数据纹样，恰好与地面预留的青铜地砖图案重合，形成"年度数字密码"彩蛋。

5. 设计意图

通过物质自身的语言实现科技叙事。

齿轮环的转动依赖自然气流而非电力，隐喻工业文明与自然力的共生；

蓄光浮雕的时间依赖性（需日光充电）暗示数据存储与能量守恒法则；

莫尔条纹的不可控干涉对应技术发展中的不确定性与艺术干预，使雕塑成为连接博物馆画作的"光学超链接"。

观众体验从"交互触发"转向"凝视发现"，在静态结构中解读时间、物质与文明的编码逻辑。

按同样的原理，可以用 DeepSeek 帮助设计师设计各类珠宝、公仔等需要造型创意的艺术作品。

DeepSeek 在平面视觉领域的应用

与前面所讲述的雕塑、珠宝、公仔等产品设计类似，在平面视觉领域，DeepSeek 的主要应用也局限于在设计之初为设计方案提供灵感。

基本流程是在通过关键词利用 DeepSeek 生成可以输入到 AI 绘画平台的提示词，然后依靠 AI 绘画平台生成平面作品。

整个作品的质量实际上最终还是取决于 AI 绘画平台对提示词的遵循度，以及平台的绘画质量。换言之，即便创作者能够在 DeepSeek 平台获得质量非常高的提示词，但在生成绘画的环节，选择的平台能力有限，最终也是无法获得高质量作品的。

即便如此，与之前单纯依靠创作者编写 AI 绘画提示词的流程相比，这样的组合也有了不小的进步。毕竟，DeepSeek 在创意发挥方面的能力还是有目共睹的。

例如下面的生成海报提示词。

我要创作一个节日借势海报，节日是立春节气，要宣传的产品是一辆公路自行车，你需要为我策划海报的设计稿，要输出一个段落文本详细描述这个海报的画面构成，描述时按下面的元素依次描述。1. 海报的主题及整体风格。2. 海报的主要元素及其造型、位置。3. 海报的宣传标题及其位置、颜色。4. 其他修饰元素及排列方式。注意输出时不要用列表的形式，要用一段连续的文本。

下面是 DeepSeek 的回复。

海报以"骑遇春意，破风前行"为主题，采用扁平化设计与国风自然意象结合的整体风格，主色调以象征生命力的青绿渐变与浅金为主，背景铺陈水墨质感的淡蓝天空与若隐若现的远山，既呼应立春的清新感，又凸显公路自行车的速度美学。画面核心是一辆以 30 度倾斜姿态飞驰的公路自行车，车架采用哑光金属与青绿色渐变涂层，前轮辐条融入抽象化的柳叶纹样，后轮则以齿轮结构呈现含苞桃花造型，寓意骑行轨迹催生春意；车头指向右上方由暖黄渐变为浅金的旭日圆环，环内暗藏微缩手绘燕子剪影，象征春回大地。自行车后方延展层叠的水墨山脉，在山形轮廓中巧妙地嵌入抽芽柳枝、绽放的桃花与新草破土的动态插画，左侧山脉高处悬浮立体化的汉字"立"变形体——竖笔化作骑行者的抽象轮廓，顶部"点"状笔画演化为一颗破土嫩芽，右侧山脉则融入蜿蜒的浅金色公路线形符号，形成自然景观与运动符号的视觉交响。

海报顶部居中呈现立体烫银工艺的标题"骑遇春意"，字体将书法飞白与机械感斜切结构结合，"春"字末笔延伸为飘落的桃花瓣轨迹；副标题"破风前行"采用青绿渐变立体字，横向排列于主标题下方，二者共同构成视觉焦点。标题右下方以浅金色细线勾勒出自行车把手的抽象线条，延伸至画面底部转化为 24 道放射状光轨（象征二十四节气），光轨交汇处浮现透明白描风格的节气轮盘，中心镶嵌数字"2025"与微缩公路图标，强化年份专属性与产品功能性。画面四周散布半透明青绿光斑与飘舞的浅金色柳絮粒子，光斑采用低透明度叠压在背景山峦上，柳絮则沿对角线方向从右上向左下飘散；左下角点缀手绘风格的新芽丛与振翅飞燕，新芽叶片表面印有微缩齿轮纹理，飞燕羽翼则融入公路车架的结构线条，通过刚柔并济的细节实现自然生机与工业美学的隐喻融合。

从设计角度来看，这个提示词描绘的海报还是有一定水准的，尤其是在提示词里说明了各个元素的象征含义，这对新手设计师来说有不小的学习意义。

但如前所述，在新的工作流程中，我们希望在 AI 绘画平台中，利用回复直接生成可用的海报，因此就需要删除一些对于生图没有帮助的字词，以避免由于文本过长，AI 无法执行生图操作的问题。

因此，要使用下面的提示词，对回复进行简化处理，同时注意关闭"深度思考"选项。

简化上述文本段落，从中去除关于种种元素意象象征的描述。

下面是 DeepSeek 的回复。

海报以"骑遇春意，破风前行"为主题，采用扁平化设计与国风元素结合，主色调为青绿渐变与浅金，背景为水墨质感的淡蓝天空与远山。画面中央是一辆 30 度倾斜的公路自行车，车架为哑光金属与青绿色渐变，前轮辐条融入柳叶纹样，后轮齿轮呈现桃花造型，车头指向右上方的旭日圆环。自行车后方是水墨山脉，山形轮廓嵌入柳枝、桃花与新草，左侧山脉高处悬浮汉字"立"的变形体，右侧山脉融入浅金色公路线形符号。顶部居中为立体烫银标题"骑遇春意"，字体结合书法与机械感，"春"字末笔延伸为桃花瓣轨迹；副标题"破风前行"为青绿渐变立体字，位于主标题下方。标题右下方浅金色线条勾勒自行车把手，延伸至底部转化为24道放射状光轨。画面四周散布半透明青绿光斑与浅金色柳絮，左下角点缀手绘新芽与飞燕，新芽叶片有齿轮纹理，飞燕羽翼融入车架线条。

下面的 3 张图是使用即梦 AI 的生图功能生成的 3 幅海报，可以看出来有一定的可用性。

但需要特别指出的是，在常规的海报流程中，文件是以 PSD 等分层格式保存的，从而便于后期对图中的元素进行修改，而使用这种方法生成的图像是一个没有分层的结构的 JPEG 图像。因此，如果要修改里面的元素，就会遇到较大的麻烦，这意味着这种方法目前还仅限于生成较为简单的设计作品，或为设计师提供可供借鉴的灵感。